"十三五"国家重点图书出版规划项目

画说蜜蜂授粉增效技术

中国农业科学院组织编写

郭　媛　主编

中国农业科学技术出版社

图书在版编目（CIP）数据

画说蜜蜂授粉增效技术 / 郭媛主编 . — 北京：
中国农业科学技术出版社，2019.6
ISBN 978-7-5116-4162-5

Ⅰ.①画…Ⅱ.①郭…Ⅲ.①蜜蜂授粉－普及读物
Ⅳ.① Q944.43-49

中国版本图书馆 CIP 数据核字（2019）第 078365 号

责任编辑　张国锋
责任校对　李向荣

出 版 者　中国农业科学技术出版社
　　　　　北京市中关村南大街 12 号　邮编 :100081
电　　话　（010）82109708（编辑室）　　（010）82109702（发行部）
　　　　　（010）82109709（读者服务部）
传　　真　（010）82106650
网　　址　http://www.castp.cn
经 销 者　各地新华书店
印 刷 者　北京东方宝隆印刷有限公司
开　　本　880mm×1 230mm　1/32
印　　张　4.5
字　　数　132 千字
版　　次　2019 年 6 月第 1 版　2019 年 6 月第 1 次印刷
定　　价　29.80 元

为中国养蜂学会成立四十周年献礼！

编委会

《画说『三农』书系》

主　任	张合成			
副主任	李金祥	王汉中	贾广东	
委　员	贾敬敦	杨雄年	王守聪	范　军
	高士军	任天志	贡锡锋	王述民
	冯东昕	杨永坤	刘春明	孙日飞
	秦玉昌	王加启	戴小枫	袁龙江
	周清波	孙　坦	汪飞杰	王东阳
	程式华	陈万权	曹永生	殷　宏
	陈巧敏	骆建忠	张应禄	李志平

编写人员名单

《画说蜜蜂授粉增效技术》

主　编　郭　媛

副主编　武文卿　刘玉玲

编　者　郭　媛　武文卿　刘玉玲　王　松

序言

《画说『三农』书系》

农业、农村和农民（"三农"）问题是关系国计民生的根本性问题。农业强不强、农村美不美、农民富不富，决定着亿万农民的获得感和幸福感，决定着我国全面小康社会的成色和社会主义现代化的质量。必须立足国情、农情，切实增强责任感、使命感和紧迫感，竭尽全力，以更大的决心、更明确的目标、更有力的举措，推动农业全面升级、农村全面进步、农民全面发展，谱写乡村振兴的新篇章。

中国农业科学院是国家综合性农业科研机构，担负着全国农业重大基础与应用基础研究、应用研究和高新技术研究的任务，致力于解决我国农业及农村经济发展中战略性、全局性、关键性、基础性重大科技问题。根据习总书记"三个面向""两个一流""一个整体跃升"的指示精神，中国农业科学院面向世界农业科技前沿、面向国家重大需求、面向现代农业建设主战场，组织实施"科技创新工程"，加快建设世界一流学科和一流科研院所，勇攀高峰，率先跨越；牵头组建国家农业科技创新联盟，联合各级农业科研院所、高校、企业和农业生产组织，共同推动我国农业科技整体跃升，为乡村振兴提供强大的科技支撑。

　　组织编写《画说'三农'书系》，是中国农业科学院在新时代加快普及现代农业科技知识，帮助农民职业化发展的重要举措。我们在全国范围遴选优秀专家，组织编写农民朋友用得上、喜欢看的系列图书，图文并貌展示先进、实用的农业科技知识，希望能为农民朋友提升技能、发展产业、振兴乡村作出贡献。

中国农业科学院党组书记 张合成

2018 年 10 月 1 日

前言

《画说蜜蜂授粉增效技术》

生物的多样性是人类赖以生存的物质基础，地球上目前已经发现的显花植物大约有 25 万种，约占全部植物种类的 50%，显花植物中大约 85% 即约 21 万种是属于虫媒花植物，需要昆虫传粉。地球上，昆虫占动物种类总数的 3/4，其中约有 7 个目 22 个科的昆虫能够传粉，膜翅目的 11 个科授粉能力最为明显。

膜翅目的蜜蜂总科是最为理想的授粉昆虫，其在与植物的协同进化过程中形成了互惠互利的关系，是保障生态平衡及物种多样性的重要一环，可使地球上的物种丰富多彩，在生态中各尽其用。利用昆虫为农作物授粉可使其产量不同程度增长，还能有效提高农产品的品质，同时降低人工成本，大幅减少化学坐果激素的使用。

国内外已经驯化可为作物授粉的昆虫包括蜜蜂、熊蜂、切叶蜂及壁蜂，本书对他们的种类及其生活方式、繁殖规律、访花授粉的特点进行了详细的介绍。蜜蜂授粉对提高农作物产量、改善果实品质有显著的作用。本书将各地开展的不同蜂种在不同环境、不同条件、不同季节对不同作物的授粉机理及效果实验进行了分类整理，提出了一系列蜜蜂授粉的配套关键技术和操作规范。

　　蜜蜂与人类的生存息息相关。推广蜜蜂农作物授粉不仅能够提高农作物产量、改善产品品质，增加农民收入，而且对维护生态平衡也具有十分重要的作用。它是转变养蜂观念、促进蜂业转型升级的一项长期任务。随着科学技术的深入发展和农业产业化发展的需求，蜜蜂授粉技术已经广泛应用于生产实践中，并且能够显著提高农产品产量和质量。蜜蜂授粉产业是现代化农业重要组成部分，是一种低碳、环保的绿色经济。当前我国要大力宣传蜜蜂授粉对农业的增产和维护生态平衡的作用，出台保护授粉的法规，培育龙头企业，推进产业化进程，带动农业增产和农民增收，把保护蜜蜂提高到保护人类的高度来认识。

　　对参考和被引用有关资料的作者和成书过程中给予支持和帮助的各界人士，一并致以诚挚的谢意。由于作者的学识水平和实践经验，书中错误和欠妥之处在所难免，恳请同行和读者随时批评指正，以便今后修改使之更加完善。

编　者
2019 年 4 月

Contents 目 录

第一章

蜜蜂授粉的意义

　　生物的多样性是人类赖以生存的物质基础，在维持生态系统平衡方面发挥着重要作用。近年来，随着全球物种灭绝速度加快，物种丧失带来的后果影响人类生存环境，因此生物多样性保护已是受到国际关注的全球性环境问题。蜜蜂等传粉昆虫在与植物的协同进化过程中形成了互惠互利的关系，是保障生态平衡及物种多样性的重要一环。

第一节　传粉是植物繁衍必不可少的环节

　　虫媒植物的花朵如果要结实就必须要经过授粉受精，现在这些都是我们的基本常识，但是事实上在 17 世纪末 18 世纪初，人类才开始真正发现花朵的授粉现象以及蜜蜂等授粉媒介在其中发挥的作用。1876 年达尔文在《植物界异花受精和自花受精的效果》中提到："假使任何虫媒植物完全不被昆虫所采访，那么它可能要自趋毁灭，除非它为风媒的或获得了自花受精的完全能力。"

　　地球上目前已经发现的显花植物大约有 25 万种，约占全部植物种类的 50%，显花植物中大约 85% 即约 21 万种是属于虫媒花植物，需要昆虫传粉。与人类的生存息息相关，为人类直接或间接提供食物的 1 300 多种作物当中，有 1 100 多种需要昆虫等媒介传粉。在生物长期的协同进化过程中，每种虫媒花植物与几种、甚至是单一种的传粉昆虫形成了极强的互惠共生关系。蜜蜂科昆虫是传粉昆虫中的优势蜂种，同时也是最理想的传粉昆虫，可以占授粉昆虫的85%以上。在北美约90%以上的作物需要蜜蜂授粉；在澳大利亚65%左右的园林植物、农作物和牧草需要依靠蜜蜂授粉。

随着我国现代农业规模化、产业化、集约化发展，作物种植面积不断增加。据统计，我国梨树2016年种植面积111.3万公顷，较1996年增加18万公顷；柑橘由1996年的128万公顷增加到2016年的256万公顷，面积整整增加1倍；设施园艺面积2012年已经达到5 796万亩，比2007年增加了2 040多万亩。无论是果树还是设施果菜，对传粉昆虫都高度依赖，但由于作物种植面积大大增加，造成一定区域内野生传粉昆虫数量相对不足，不能满足作物产量及品质的需求，因此作物对蜜蜂的授粉需求越来越高，蜜蜂对作物传粉的贡献也越来越大。

规模化种植的梨树（邵有全 摄）

桃树规模化种植（邵有全 摄）

蜜蜂采集蒲公英（邵有全 摄）

蜜蜂为桃树授粉（邵有全 摄）

蜜蜂为梨树授粉（邵有全 摄）　　　　蜜蜂为枣树授粉（邵有全 摄）

第二节 蜜蜂授粉与人类生存息息相关

　　自然界中，动物与植物之间、动物与动物之间以及动植物与人类之间，在长期生存与发展的过程中，形成了相互依赖、相互制约的关系。这对维持生物圈中生物的种类和数量的相对稳定起着十分重要的作用。

　　植物物种多样性影响下一营养级的多样性。传粉昆虫与植物多样性关系表明传粉昆虫数量与植物物种丰富度显著相关，即植物物种丰富度决定传粉昆虫物种丰富度。随着植物物种多样性增加，为传粉昆虫提供了更加丰富的食物来源，传粉昆虫的数量也随之增加。尤其是蜜粉源植物在封山育林、退耕还林、人工造林、生态补偿林、矿山开采后修复及平原大造林等大型生态恢复工程中，占有很大比重，它们不仅加大了森林覆盖率，提供了丰富的森林经济产品，同时也为昆虫提供了丰富的蜜粉资源。蜜蜂等传粉昆虫将采集的

储存花粉的巢脾（邵有全 摄）

蜜粉运回自己的巢穴当中作为粮食储备，同时其采集过程也有助于开花植物雌蕊花药上花粉粒的传播。如果自然界显花植物大量缺失，那蜜蜂等传粉昆虫没有足够的食物来源，种群数量会大大降低，对于野生传粉种群来讲，这种打击是致命的、无法修复的。反之亦然，蜜蜂等传粉昆虫不足，也会影响植物的种群和数量，并进一步影响以之为食的动物种类及数量，更严重的甚至影响肉食动物数量及种类，最终将会影响人类生存。所以美国在2004年蜜蜂基因组测序完成之后评论说："如果没有蜜蜂，整个生态系统将会崩溃。"

第三节　蜜蜂授粉是绿色农业无法分割的一部分

绿色农业是指充分运用先进科学技术、先进工业装备和先进管理理念，以促进农产品安全、生态安全、资源安全和提高农业综合经济效益的协调统一为目标，以倡导农产品标准化为手段，推动人类社会和经济全面、协调、可持续发展的农业发展模式。绿色农业及与其伴随的绿色食品都出自良好的生态环境。人类对于健康越来越关注，对于食品安全问题越来越关心，对无污染、无公害的农产品越来越青睐。生态农业的生产过程要求无污染，所以生态农业技术无论是栽培技术、施肥技术，还是病虫害防治技术、收获加工技术等，都不会对环境造成污染，这些条件对于昆虫授粉技术来说同样是非常有利的。蜜蜂对环境条件非常敏感，昆虫授粉能有效地避免化学肥料、化学农药、激素和各种化学除草剂等的污染，全面应用

喷施激素的番茄（左）和熊蜂授粉的番茄（右）
（邵有全　摄）

和实施昆虫授粉技术，为生产高产、有机、绿色产品提供绝佳的保障，更有利于农业生产在生态上的可持续稳定发展。

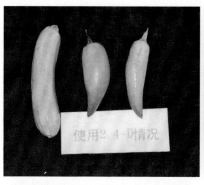
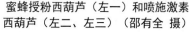
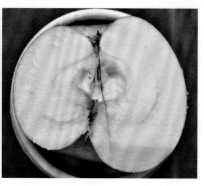

蜜蜂授粉西葫芦（左一）和喷施激素
西葫芦（左二、左三）（邵有全 摄）　　授粉不充分的苹果（邵有全 摄）

可持续发展的绿色农业因蜜蜂授粉而呈现出独特的优势，它实现了同一种植物在不同植株、不同花朵甚至是不同地段之间的授粉，保持了杂交优势。经过昆虫授粉的农产品大部分都表现出优异的特性和优良性状。对于农产品而言既有效地提高了其产量和品质，又不会增加污染，给环境带来压力，真正表现出最自然优异的农业状态。科学证明，利用蜜蜂授粉可不同程度增长产量（表1-1），同时还能有效提高农产品的品质，并将大幅减少化学坐果激素的使用。

表1-1　不同作物蜜蜂授粉增产效果

作物名称	增产（%）	作物名称	增产（%）	作物名称	增产（%）
油菜	40~90	荞麦	50~60	甜瓜	200~500
向日葵	20~64	水稻	2.5~3.6	柑橘	25~30
蓝花子	38.5	棉花	23~30	桂圆	149
大豆	92	苹果	71~334	猕猴桃	32.3
紫花苜蓿	300~400	蜜橘	200	甘蓝	18.2
紫云英	50~240	乌桕	60	李	50.5

作物名称	增产（%）	作物名称	增产（%）	作物名称	增产（%）
砂仁	68	西瓜	170	荔枝	248
花菜	440	莲子	24.1	红苜蓿	52
菩子	449.6	油茶	87~98	黄瓜	35

第四节　蜜蜂授粉是生态文明不可或缺的链条

习近平总书记指出"绿水青山才是金山银山"正是体现了生态文明的重要性。生态文明的建设是关系人民福祉、关乎民族未来的长远大计。面对资源数量越来越紧张、环境污染越来越严重的情况。生态系统退化的形势已经非常严峻，必须树立尊重自然、顺应自然、保护自然的生态文明理念，把生态文明建设放在突出地位，坚持节约优先、保护优先和自然恢复，形成节约资源和保护环境的空间格局、产业结构、生产方式、生活方式，从源头上扭转生态环境恶化趋势，为人民创造良好生产生活环境，为生态安全做出贡献。蜜蜂等传粉昆虫广泛影响人类所赖以生存的生态环境，蜜蜂授粉是生态环境保护和生态修复赋予的历史使命。没有传粉昆虫，植物的授粉总量将受到极大影响，一些植物资源、特别是野生植物资源的生存繁衍就会受到威胁，严重的可能导致物种灭绝，进而引发整个植物群落和生态体系的改变。据科学统计，目前平均每天有 70 多个物种从地球上永远消失；全世界有 9 400 多种动植物正濒临灭绝。在我国，由于发展初期掠夺式的开发、粗放的经济增长模式也给生态环境带来了巨大的破坏，部分区域生态环境退化严重，生态系统濒临崩溃的边缘。昆虫能够帮助植物顺利繁育，增加种籽数量和活力，从而修复植被，改善生态环境。受经济发展和自然环境变化的影响，自然界中传粉昆虫数量大量减少，蜜蜂作为农作物及开花植物的最佳传粉昆虫，对保护生态环境的重要作用更加凸显。因此蜜蜂授粉技术的发展已成为生态文明建设中不可或缺的一个重要环节，无论是出于对环境资源的节约还是对于生态环境的保护，蜜蜂授粉技术推广与发展对于行业的发展无疑是非常有利的，必须把生态文明建设与蜜蜂授粉技术发展紧密结合起来，努力推进整个产业与技术体系的绿色发展、低碳发展和循环发展。因蜜蜂授粉贡献巨大，在欧洲成为第三大有价值的家养动物，仅次于牛和猪。

蜜蜂是欧洲第三大价值的家养动物

目前全球因人口增长、极端天气的增加、农用土地面积减少、务农人口减少等原因引起的食品紧缺及粮食安全问题突出，致使农业发展的目标更多的是追求最高产量和最大效益，而忽视了物种多样性对于生态环境保护的重要性。越来越多的科研工作者和农民用户把精力花在培育高产、高收益的品种上，致使许多可能具有优秀生态价值的农作物被淘汰，作物品种越来越单一。以苹果、梨等经济果树为例，20世纪七八十年代，品种非常丰富，加之传粉昆虫充足，品种之间利于授粉，杂种优势明显。而现在苹果、梨主产区，往往只有单一的主栽品种，农民为了追求利益最大化，甚至出现将原有多个品种直接砍伐或高接换种等现象，大大降低了品种多样性，致使需要异花授粉的果树因品种过于单一，缺乏足够的异源花粉，生产效率低下。如一些适应特定地区环境的物种，只因为追求高产或单一经营而导致面临绝种的境地，这所带来的后果会非常可怕。所以我们在追求高产高质量的同时，必须注意保护生物品种多样性。推进实施昆虫授粉技术则能够非常有效地避免出现这种副作用。通过昆虫授粉保护了生态的多样性，使物种丰富多彩，在生态中各尽其用。

第二章

传粉的类型及媒介

植物繁殖是指植物产生同自己相似的新个体，这是植物繁衍后代、延续物种的一种自然现象，也是植物生命的基本特征之一。传粉是成熟花粉从雄蕊的花药散出后，传送到雌蕊柱头或者胚珠上的过程。传粉是高等维管植物所特有的现象，雄配子借花粉管传送到雌配子体，使植物受精不再以水为媒介，这对适应陆生环境具有重大意义。

第一节　传粉的类型

裸子植物包括可能由不同路线进化所形成的若干平行的类群，故目前不再作为自然分类中的一个门，而将各纲递进为门，所以裸子植物包括种子蕨植物门、拟苏铁植物门（本内苏铁植物门）、银杏植物门、松柏植物门。分类位置不定的买麻藤植物门有些学者也归入裸子植物。裸子植物与被子植物的区别在于前者胚珠外面无包被物，是种子植物中较原始的类群，一般认为由前裸子植物演化而来。现代约有 60 属近 700 种。

被子植物又称为有花植物或显花植物，有时将被子植物也称为显花植物。地球上的被子植物约有 30 万种，其花的变化巨大，它们的形态、大小、颜色和组成数目因种而异，各不相同。根据其结构组成，可将被子植物的花分为完全花和不完全花两类。完全花通常由花梗（花柄）、花萼、花冠、雄蕊（群）和雌蕊（群）等几个部分组成，例如桃花、蚕豆花等；不完全花是指缺少其完全花组成的一部分或几个部分的花，如南瓜、玉米等植物的单性花。

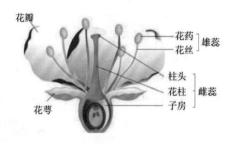

完全花结构

花是适应于生殖、极度缩短且不分枝的变态枝。花柄是枝条的一部分，花托通常是花柄顶端呈不同方式膨大的部分，是花器官其他组分（如花萼、花冠、雄蕊群和雌蕊群）着生的地方。花萼常为绿色，像很小的叶片。花冠虽有各种颜色和多种形态，但其形态和结构均类似于叶，有的甚至就呈绿色（如绿牡丹）。雄蕊是适应于生殖的变态叶，虽然雄蕊与叶的差异较大，但在较早的被子植物（如睡莲）的外轮雄蕊和内轮花瓣间存在过渡形态。此外，有的植物（如梅、桃等）经过培育，雄蕊可以形成花瓣。雌蕊也是由叶变态而成的心皮卷合而成的，如蚕豆、梧桐等。因此，通常称花萼、花冠为不育的变态叶，雄蕊、雌蕊为可育的变态叶。

被子植物是植物界进化等级最高、种类最多、分布最广、适应性最强的一个类群。在不同的系统，被子植物有 300~400 科，1 万多属，约 30 万种，超过植物界总种数的 1/2。有资料表明，被子植物中 80% 为虫媒植物，另外有 19% 的被子植物，原本 19% 的被子植物也是虫媒植物，但由于环境因素的影响，例如寒冷、沙漠或者爆热气候，昆虫数量极少，因而为了生存才转变为风媒植物。

在自然条件下，传粉包括自花传粉和异花传粉两种形式。裸子植物主要是借助风力传粉，这种形式带有被动的性质。昆虫是被子植物传粉的主要媒介。在 4 000 万 ~6 000 万年前，蜜蜂与蝴蝶已经大量繁殖，它们对被子植物传粉和花的适应性起到了具大的推动作用。被子植物的演化和千姿百态的形式对各种昆虫更具有吸引力，而且花、花粉、花蜜等直接为昆虫提供了优良的食物来源。在生物界中，昆虫和被子植物这种相互依存和相互促进的现象，称为共同进化。由于昆虫的有效传粉，也引起了两性花的发展。

一、自花授粉

自花授粉作物是指同一花内的雌蕊与雄蕊进行授粉，花药中的花粉落到同一朵花雌蕊柱头上并能正常地受精而形成种子的作物。自花授粉的植物和花，具有适应自花授粉的结构和生理特征，如花两

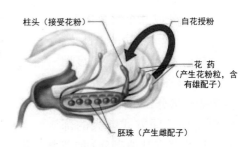

自花授粉示意图

性、雄蕊的花粉囊和雌蕊的胚囊同时成熟，雌蕊的柱头对于本花的花粉萌发及花粉管中雄配子的发育没有任何生理阻碍等。自花传粉是比较原始的传粉方式，长期自花传粉产生的后代生活力会逐渐衰退。

自然界少数植物是自花授粉的，其中，闭花授粉是典型的自花传粉，即在未开花时已完成受精作用。如豌豆和花生在花尚未开放时，花蕾中的成熟花粉粒就直接在花粉囊中萌发形成花粉管，把精子送入胚囊中受精，这种传粉方式是典型的自花传粉，称闭花受精，它保证了植物在自然状态下永远是纯合子。自花传粉是植物对缺乏异花传粉条件时的一种适应。自花传粉受精机率大，但不利于维持后代的生活力。

在一般条件下，异花授粉的杂交率不超过4%的作物均属于这一类，如水稻、小麦、大麦、大豆、桃等。除同一花朵内的雌雄花授粉外，生产上常把同株异花间和同品种异株间即同一树上的花朵之间或同一品种之间花朵的传粉也叫自花授粉。大部分果树自花授粉后结果不良或不能结果，异花授粉后结果良好。自花授粉果树在定植时要配植适宜的授粉品种，有利授粉、提高坐果率。

大豆开花（邵有全 摄）

二、异花授粉

有花植物又称被子植物，包括双子叶植物和单子叶植物，是进化等级最高的两大类植物。雌花和雄花经过风力、水力、昆虫或人等的活动把不同花或不同植株间的花粉通过不同途径传播到雌蕊的花柱上，进行受精的一系列过程叫异花传粉。异花传粉与自花传粉相比，是一种进化方式。因为异花传粉的花粉和雌蕊来自不同的植株或不同花，二者的遗传性差异较大，受精后发育成的后代往往具有较强大的生活力和适应性。异花授粉能提高后代的生活力和建立新的遗传性，对植物的种族繁衍有利。1876 年达尔文在《植物界异花受精和自花受精的效果》中提到："异花受精一般是有利的，而自花受精时常是有害的。"

植物界有各种避免自花传粉和保证异花传粉的适应：① 雌雄异熟，一般情况下即使是两性花，同一朵花的雌雄蕊也不会一起成熟，例如马兜铃是雌蕊先于雄蕊成熟，雌蕊接受的花粉是另一朵花的花粉。② 雌雄异株。③ 雌雄同株，但开单性花，只能进行异花传粉。④ 有的植物雌蕊柱头对自身花粉有拒绝、杀害作用，或者花粉对自花柱头有毒，例如木樨草和兰科植物。这保证了种族持续性的高生活力和适应性。

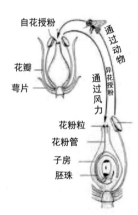

植物授粉示意图

异花授粉作物是指雌雄异株或雌雄同株异花，或不是同一花内的雌雄蕊进行授粉、受精而形成种子的作物。在一般生产条件下，异花授粉杂交率超过 50% 以上的均属于这一类作物，如玉米、油菜、荞麦、向日葵、蓖麻、大麻等。凡是不同品种的花朵互相授粉都属于异花授粉。例如苹果、梨、李、樱桃等大多数品种都是异花授粉。异花授粉后，坐果率高，可以提高产量。所以，异花授粉果树定植时必须配植授粉品种。在开花期间放蜂传粉，或进行人工授粉。

常异花授粉作物基本上进行自花授粉，但在花器开张期间异花授粉杂交率超过4%，常在4%~5%。例如高粱、棉花等均属常异花授粉作物。

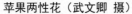

苹果两性花（武文卿 摄）

棉花花期（马卫华 摄）

第二节　传粉的媒介

传粉是有性生殖所不可缺少的环节，没有传粉，也就不可能完成受精作用。有性生殖过程中的雌配子即卵细胞是产生在胚囊里的，胚囊又深埋在子房以内的胚珠里，要完成全部有性生殖过程就必须使产生雄配子即精细胞的花粉和胚珠接近，传粉起到的就是这样一个作用。植物进行异花传粉，必须依靠各种外力的帮助。在长期的进化过程中，植物的传粉形成了多种媒介，具有高度的适应性。通常从两个方面来阐述传粉媒介，一个是非生物媒介，另一个是生物媒介，传粉媒介中昆虫（包括蜜蜂、甲虫、蝇类和蛾等）和风是两种最普遍的传播媒介。此外，蜂鸟、蝙蝠和蜗牛等也能传粉，还有些植物通过水进行传粉。

一、非生物媒介

1.风媒

以风作为传粉媒介的传粉方式，称为风媒，是非生物媒介传粉的最重要类型。借助风力方式传粉的花，称风媒花。在禾本科和莎草科等植物中，风媒尤其普遍；多数裸子植物如松、杉、柏等和木本植物中的栎、杨、桦木等都是风媒植物。

风媒花的特点是花朵数量多、常排列成柔荑花序或穗状花序。花被不发达、花小、不明显、颜色不鲜艳，没有蜜腺和气味，花粉量多，光滑不黏，重量极轻，花粉粒无法组成团块，也不具附着的特性，易于被气流带到很远的地方，便于远距离传播。当微风吹过，花药摇动就把花粉散布到空气中去，使距离在数百米以外的雌花能够受精是极其普通的现象，这些花粉能生存几天到几周。被子植物风媒花柱头大，分枝，粗糙具毛，常暴露在外，适于借风传粉。如玉米雌花的花柱很长，便于接受花粉。有些植物花丝很长，将花药高高撑起，这样花粉容易为风所带走。有的柱头上还分泌出黏液，便于粘住飞来的花粉。一般认为风媒传粉是比虫媒传粉更具有原始性的传粉方式。

2. 水媒

以水作为传粉的媒介，称为水媒。水媒有两种情况：一种是水下传粉，另一种是水上传粉。水下传粉又分为两种，一种是雄花、雌花都在水中，花粉于水中扩散受粉的类型（如金鱼藻属），另外一种是雌花在水底附近靠花粉下沉而受粉的类型（如茨藻属）。水上传粉是花粉或雄花在水面上漂浮而受粉的类型（如伊乐藻属、黑藻属、苦草属等植物），例如苦草雌雄异株，终生沉在水中，雄花靠近水底。当雄花成熟后，便从花梗脱落，漂浮到水上开花，雌花的花蕾则由长长的花柄送到水面，当漂浮的雄花遇到雌花时就可授粉。授粉后，花柄卷曲螺旋，把花拉到水底，进一步发育成果实和种子。水中开花的茨藻则不同，雌雄同株，雄花位于雌花上方，花粉成熟后，正好落在下面的雌蕊柱头上。

3. 雨媒

雨媒花的特点是下雨时花不关闭，借雨水流动花粉。花粉有耐水力，例如驴蹄草在下雨时开放中的花能积蓄雨水，使其花药与柱头漂浮在同一水平，这样花粉可以通过水面漂越到柱头上实现自花传粉。黑胡椒、毛茛属和金红花属的有些植物也以这种方式传粉。

二、生物媒介

动物传粉指以昆虫、蜗牛、鸟、蝙蝠、猴类、人类等为生物媒介进行传粉的现象。有花植物在植物界如此繁荣，与花的结构和昆虫传粉是分不开的，昆虫是被子植物传粉的主要媒介。

1. 鸟媒

借鸟类传粉的称为鸟媒。大约有 2 000 种鸟可以为植物传粉。热带鸟类作为传粉者甚至比昆虫更为重要。最大的是燕八哥、画眉、乌鸦；最小的是蜂鸟。世界上最小的蜂鸟体重只有约 2 克，但它们的食量很大，每天要吃掉与自身体重相当的食物。据统计，一只蜂鸟在 6.5 小时内可采访 1 311 朵花。蜂鸟爪尖、喙硬，长 6~125 毫米。它的嗅觉不灵敏，但对颜色敏感。美洲小蜂鸟是紫葳藤和美国凌霄花的传播者，而南非的太阳鸟则为鹤望兰传粉。鸟媒花一般大而鲜红，红、黄是最普遍的颜色，无气味，花瓣很厚，花丝和花柱僵硬和木质化，花蜜丰富。此外倒挂金钟、西番莲、桉树、木槿、仙人掌和一些兰科植物的花也是靠鸟传粉。

2. 蝙蝠媒

蝙蝠捕捉昆虫而停留在花朵上，或者啃食花瓣而来回飞翔时，就起到了传播花粉的媒介作用。在美国西南部有 130 多种植物完全依靠蝙蝠来传粉受精、繁殖后代。这类植物被称为蝙爱植物。在热带地区，蝙蝠多以花为食。蝙蝠传粉的花很大，或者雄蕊很多，猴面包每朵花就有 1 500~2 000 个雄蕊，这种花具有大量花蜜。轻木属植物每朵花可产 1.5 毫升的花蜜。蝙蝠是在夜间寻食，这类花多在夜间开放，花色也不鲜艳，但能散发强烈霉味或具果实的味道以吸引蝙蝠。蝙蝠的嘴和舌都很长，有一种蝙蝠的身体只有 80 毫米长，而舌长达 76 毫米。蝙蝠通过嗅觉访花，当它舐花蜜或吃花粉时，花粉便粘在毛皮上，起到传粉的作用。蝙蝠传粉的植物有吉贝、猴面包、电灯花等，其中以龙舌兰最具代表性。

3. 虫媒

靠昆虫为媒介进行传粉方式的称虫媒，借助这类方式传粉的花，称虫媒花。多数有花植物是依靠昆虫传粉的，常见的传粉昆虫有蜂类、蝶类、蛾类、蝇类等。虫媒花具有以下特点：① 多具特殊气味以吸引昆虫；② 多半能产蜜汁；③ 花大而显著，并有各种鲜艳颜色；④ 结构上常和传粉的昆虫形成互为适应的关系。

（1）膜翅目 蜂类是访花昆虫中最重要的类群，大约 2 万种蜂访花采蜜。在蜂采蜜时，它们的口器、体毛和躯体上的其他附属物，特别是背和足最易沾上花粉。蜂媒花的花瓣鲜艳，一般为黄色、白色、蓝色等多种颜色，蜜腺明显，花上常有某种"登陆台"，便于蜂的

黄胸木蜂访问苜蓿花（张旭凤 摄）

着落。大多数的蜂不能辨别红花的色调，往往把红的看成黑的，但熊蜂可为红花传粉。兰科 *Ophrys* 属植物的传粉有奇妙适应，花像飞翔的雌黄蜂。早春兰花开放时，雄蜂企图与雌蜂似的兰花交尾，花粉便沉积在雄蜂身躯上。

蜜蜂访问苹果花（武文卿 摄）

全世界 80% 显花植物靠昆虫授粉，而其中 85% 靠蜜蜂科昆虫授粉，90% 的果树靠蜜蜂授粉，共有约 170 000 种显花植物靠蜜蜂授粉。没有蜜蜂的传粉，约有 40 000 种植物会繁育困难、濒临灭绝。蜜蜂对植物的适应是蜜蜂与植物协同进化的表现。蜜蜂作为最理想的授粉者，在长期与植物协同进化的过程中，形成了专以植物的花蜜和花粉为食物的特殊生活习性和与之相适应的结构。

胡蜂是膜翅目一个很大并且高度多样化的类群，成虫一般都是捕食者，或者以腐肉为食物，花蜜对它们来说是重要的能量来源。

作为传粉者，它不能与蜜蜂相比，事实上由于攻击蜜蜂、蝴蝶等，它们对其他传粉者造成了很强的负面影响。

榕小蜂科昆虫是一类栖息于榕属 *Ficus* 植物隐头花序中并与榕树种子形成密切相关的传粉昆虫。最初榕小蜂从榕树获得食物建立起原始的生态关系，在以后的演化过程中榕树花序的逐步特化仅为某一种榕小蜂提供繁衍栖息的场所并依赖其传粉，至今已构成了不可或缺的专一性生态关系。*Galil* 等 (1973) 研究发现哥斯达黎加的 2 种榕小蜂有装载花粉，主动传粉的行为；我国西双版纳的聚果榕小蜂有标记瘿花柱头，抢占繁殖资源的行为。

（2）鳞翅目　蛾和蝴蝶传粉的花在许多方面与蜂媒花相似，因为这些昆虫都是靠视觉和嗅觉访花寻食的。以蛾或蝴蝶为传粉媒介的花，蜜腺通常长在细长花冠筒或距的基部，只有它们的长舌才能伸进去舔到。

蝴蝶喜阳，在取食时喜欢停住不动，具有细长的喙，能感知很宽光谱的颜色，有些蝴蝶能看到红、蓝、黄和橘黄的颜色，并且有很好的嗅觉。马鞭草属、马缨丹属、红颉草属、乳草属及菊科植物的平顶花序是蝴蝶传粉的典型例子。

蝴蝶访问苜蓿花（张旭凤 摄）

蛾类是靠视觉和嗅觉访花寻食。典型的蛾媒花是白色的，傍晚之后散发浓郁芬芳气味和甜味吸引夜间飞行的蛾，如烟草属中几种植物的花就是这样的。另一些蛾媒花虽非白色，但在黑暗背景下显出其颜色来，如黄花月见草和桃色孤挺花。

（3）鞘翅目　最早的传粉媒介是白垩纪的甲虫，现今也有许多被子植物依靠甲虫传粉。它们有的花大、单生，如木兰、百合、芒果和野攻瑰等；有些花小，聚集成花序，如楝木属、接骨木属和绣线菊属等，甲虫是这些鲜花的常客。甲虫的嗅觉比视觉灵敏，它们传粉的花一般为白色或阴暗色调，常有果实味、香味或类似发酵腐烂的臭味，这些气味与蜜蜂、蛾和蝴蝶传粉的花气味不同，有些花也能分泌花蜜。有些甲虫常直接咬花瓣、叶枕或花的其他部分，也能吃花粉。因此，甲虫传粉的花，胚珠多深埋在子房深处，以避免甲虫咀咬，这也是长期自然选择的结果。

（4）双翅目　蝇类的食物一般都是腐肉、动物粪便或者真菌。这些昆虫访花主要是受花或者花序气味的吸引，其中一些是在寻找食物，另一些则是在寻找产卵地点。它们被花的气味欺骗，以为找到合适的猎物，进入花后很快就会发现受到愚弄，然后飞走。大花草科中的大花草（又名大王花）是一种肉质寄生草本，大花草全株无叶、无茎、无根，一生只开 1 朵花，且花期只有 4 天，开花期间散发出烂鱼腐肉般的腐败气味，招来许多逐臭蝇类舔食花粉，同时也为雌雄异株的大花草传了粉。

蚂蚁传粉植物的蜜腺很小，花蜜产量也很低，以至于其他较大的昆虫不屑一顾。蚂蚁传粉的花无柄，并贴近地面，表现出最小限度的视觉吸引力。蚂蚁的这种传粉综合征出现在干热的环境条件下。如澳大利亚西部一种营寄生生活的兰花，靠白蚁为其传粉。

蜗牛、壁虎、负鼠、狐猴、丛猴、人类等也有传粉作用。如在万年青属、海芋属和金腰子属等植物上，蜗牛和蛞蝓在其上爬行时就可以传播花粉；新西兰的一种亚麻靠壁虎为其传粉；澳大利亚的负鼠为龙眼科植物传粉；灵长类动物也有传粉作用。由于脊椎动物食性杂，除了采集花粉、花蜜外，也采食果实、种子，这是脊椎动物与无脊椎动物传粉的区别。人类活动过程中接触到植物花朵也可以起到传粉的作用。

第三章

蜜蜂授粉的重要性和必要性

第一节　蜜蜂授粉的重要性

一、维持生态系统平衡

1. 维持生态平衡意义

生态平衡是指在一定时间内生态系统中的生物和环境之间、生物各个种群之间，通过能量流动、物质循环和信息传递，使它们相互之间达到高度适应、协调和统一的状态。在生态系统内部，生产者、消费者、分解者和非生物环境之间，在一定时间内保持能量与物质输入、输出动态的相对稳定状态。

在生态环境和生物多样性保护领域，生态平衡的核心是植物，只有植物才能保持水土，调节气候，净化空气，保持农业生产的稳定环境，协调人与动物和自然界的关系。植物群落是昆虫群落生存的重要条件，如显花植物与传粉昆虫的协同进化，传粉昆虫以花的色、香、味作为食物的信号趋近取食或采集花蜜和花粉，在取食或采集花蜜、花粉的过程中，也完成传粉过程，让植物不断地繁育发展。

2. 授粉蜂在生态平衡中的重要性

蜜蜂经过几千万年的进化和发展，形成了独特的生态学特征，成为生态系统中的重要成员。自古以来，人类不断探索蜜蜂社会的奥秘。随着研究的深入，人类开始利用蜜蜂资源，使蜜蜂成为与人类密切相关的经济昆虫。蜜蜂为人类提供了宝贵的蜂产品，促进了农业发展，创造了不可估量的物质财富；数千年养蜂历史所积淀成的绚丽多姿的蜜蜂文化，融于艺术、文学、医药等各个领域，丰富了人类的文化生活；尤其是蜜蜂的传粉行为，保障了植物的繁殖和生存，促进了植物物种多样性的形成，维持了大自然的生态平衡。2006 年 10 月 26 日，Nature 公布了蜜蜂基因组的测序和分析结果，同时指出："如果没有蜜蜂及其传粉行为，整个生态系统将会崩溃。"

蜜蜂采集蒲公英（郭媛 摄）

蜜蜂采集泡桐花（邵有全 摄）

蜜蜂采集洋槐（邵有全 摄）

蜜蜂采集狼牙刺（邵有全 摄）

　　植物和昆虫在生态系统中各自扮演着重要角色，在数千万年的历史进程中它们形成了相互作用、相互适应的协同进化关系。植物为昆虫提供食物来源和生存环境，影响昆虫的地理分布和对食物的选择，对昆虫还具有生态保护作用。因此，蜜蜂的生存和发展依赖于植物及其提供的生境，一旦植被受到破坏，蜜蜂种群数必将锐减，有些物种甚至将面临灭绝的危机。另外，昆虫承担了大约 2/3 种子植物的花粉传授工作，保障种子植物能够不断繁衍，并实现基因的漂流和转移，促进植物遗传多样性的形成。

膜翅目蜜蜂总科昆虫是自然界中最重要的传粉者。在众多的传粉昆虫中，蜜蜂形态结构特殊、分布广泛、可训练等特点而成为生态系统中的重要成员，成为人类与植物群落相联系，且可以控制的、理想的昆虫，其传粉作用是其他生物无法替代的。1876年，达尔文阐述了蜜蜂和植物是通过自然选择和不断进化形成了相互适应的巧妙关系。众多研究证明，蜜蜂对生物多样性的促进和生态平衡的维持具有重要意义。人们在生态系统的恢复、珍稀植物的保护以及高原荒漠地区的开发利用等工作中也越来越多地关注蜜蜂的作用，它在人类保护生态平衡中显示出越来越重要的作用。

熊蜂采集草莓（邵有全 摄）

在生物多样性的保护中，蜜蜂的传粉作用往往是被考虑的重要因素之一。近年来，珍稀濒危种子植物和农林经济作物的传粉生物学的研究也引起了人们的重视，并获得了较大的发展。蜜蜂传粉的典型物种是兰花，约60%的兰花种类依靠蜜蜂传粉。兰科植物多为珍稀濒危植物，全世界所有野生兰科植物都被列入《野生动植物濒危物种国家贸易公约》的保护范围。兰花的传粉具有很强的专一性，许多种类的兰花依赖特定的昆虫传粉。比如中华蜜蜂是兔耳兰、莎叶兰、春兰、蕙兰、足茎毛兰等的惟一有效的传粉者；独花兰的访问昆虫主要为三条熊蜂、仿熊蜂及意蜂，但是能有效传粉的仅为三条熊蜂。这种特化的传粉系统相对脆弱，特定传粉者的失去可导致植物有性繁殖的失败，体现了蜜蜂、尤其是野生蜜蜂对兰科植物保护和进化研究中的重要作用。

蜜蜂对生态环境的变化极为敏感，除植物的种类、花朵的颜色、香味对蜜蜂有影响外，生态环境中的空气、温度、风力、降雨和光照等对蜜蜂也有影响。蜜蜂是生态环境优良与恶化的晴雨表。随着科研的不断深入，蜜蜂已逐渐成为一种模式昆虫。由于蜜蜂世代周期短，繁殖力强，分布广泛，几乎遍及整个地球，而且经过多年的人工饲养和繁育，蜜蜂已成为为数不多的人类成功驯养的昆虫之一。由于缺乏免疫系统，蜜蜂对环境污染物缺乏抵抗力，对环境变化敏感，特别是对化学农药的敏感性极高，而且由于其特殊的生殖习性，相对其他昆虫，蜜蜂较难通过后天的训练而获得遗传抗性，因而可以作为理想易感性生物标记物用于农业立体污染的监测中。

3. 蜜蜂授粉的重要性

蜜蜂在生态系统中具有重要地位及作用，养蜂业是生态农业必不可少的内容。在农业生产中，无论是增加肥料，还是改善耕作条件，都不能替代蜜蜂授粉的作用。蜜蜂授粉对提高农作物的产量和质量，是一项不扩大耕地面积，不增加生产投资的有效措施，是解决人口增长与食物供应矛盾的一项重要途径，也是提高人们生活质量的最佳方法。蜜蜂授粉在提高作物产量和质量上，特别是在绿色食品和有机食品的开发生产中具有不可替代的作用。

在现代农业发展中，由于环境因素、生物进化因素等的改变，打破了生态平衡，蜜蜂授粉就显得更为重要和必要。利用蜜蜂进行授粉，已成为一项提高经济效益、生态效益和社会效益的独特产业。目前，我国还有不少地区没有认识到蜜蜂与作物生产的内在联系，以及两者相互促进和实现双赢的效果，更没有看到蜜蜂在生物群落、生态平衡中的巨大作用。

在经济发达的国家养蜂授粉已形成了一项独具特色的产业，实现了商品化、规范化，并纳入农业增产的技术措施之中。我国还有不少地区没有把生态经济与养蜂业相联系起来，杀虫剂、除草剂的广泛使用，造成蜜蜂大量被毒杀，机械化耕作，土地大面积平整，原始森林被破坏，原有生态环境被改变，蜜蜂生存空间越来越小。高浓度、大剂量使用农药造成了自然界授粉昆虫的大量死亡，致使授粉昆虫数量急剧下降，需要授粉的虫媒花作物对人为引入授粉昆虫的依赖性更大，通过蜜蜂授粉可以弥补授粉昆虫的不足。在生物多样性的保护中，蜜蜂授粉作用应该是被考虑的重要因素之一。蜜蜂是生物群落的组成部分，随着现代农业的发展，蜜蜂在生态平衡中将显示越来越重要的作用。

4. 蜜蜂授粉的重要经济作用

我国是世界第一养蜂大国，同时也是蜂产品生产与出口大国。自 1992 年以来，我国蜂产品产量已经连续 25 年居世界榜首。目前，蜂产品行业年总产值超过 200 亿元，年出口创汇约 4 亿美元，带动了数百万人员就业。尽管养蜂业经济总量不大，但实际上蜂产业对国民经济的贡献十分巨大。美国蜜蜂授粉年增产价值达 189 亿美元；英国蜜蜂授粉的年增产价值达 10 亿英镑；澳大利亚蜜蜂授粉的年增产价值达 14 亿美元。韩国主要水果和蔬菜的年产值约为 120 亿美元，其中 58 亿美元得益于蜜蜂授粉。在我国，养蜂业对国民经济也有非常大的贡献，研究显示每年农作物蜜蜂授粉的经济价值高达 3 042 亿元，相当于全国农业总产值的 12.3%，全国农林牧渔总产值的 6.18%。而这仅仅是对 36 种作物的蜜蜂授粉价值评估结果，还有很多直接或间接依靠蜜蜂授粉作物（如苜蓿）和行业（如制种业、畜牧业）等未被纳入到评估中来，实际上蜜蜂授粉对农业生产的贡献更大。

黄胸木蜂访问苜蓿花（邵有全 提供）

二、促使农业节本增收

蜜蜂是农业增产提质的重要传媒，世界上与人类食品密切相关的作物有 1/3 以上属虫媒植物，需要进行授粉才能繁殖和发展。由于蜜蜂分布广泛，自赤道扩展至极圈，遍及全世界的每一个农业区。在蜜蜂与植物长期的协同进化中，蜜蜂为适应进化的需要而产生了特殊的形态结构。如全身密布绒毛便于花粉的携带，后足进化出专门携带花粉的花粉筐，授粉具有专一性，能贮存花粉和蜂蜜等食料，具有群居习性，可以迁移到任何一个需要授粉的地方。经过人类长

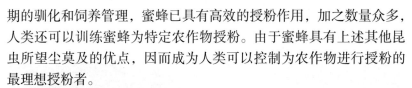

期的驯化和饲养管理，蜜蜂已具有高效的授粉作用，加之数量众多，人类还可以训练蜜蜂为特定农作物授粉。由于蜜蜂具有上述其他昆虫所望尘莫及的优点，因而成为人类可以控制为农作物进行授粉的最理想授粉者。

1. 蜜蜂授粉可使作物增产

国内外大量科学研究文献以及农业生产实践证明，通过蜜蜂授粉，可使农作物的产量得到不同程度的提高。

美国 STEINHAUER A. L 指出，每 1 英亩的黄瓜地放置 1 箱蜂，可比无蜂区增产 39%，原苏联 A.N.MEL NICHENKO 指出，用蜜蜂为作物授粉，可提高荞麦产量 60%~65%，向日葵产量 45%~50%，红三叶草产量 50%~60%，苹果和梨产量 50%~60%，黄瓜产量 75%~90%，西瓜和甜瓜产量 95%~100%，西红柿和葡萄产量 25%~30%。德国 PRITSCHG 指出，利用蜜蜂授粉可使红三叶草产量提高 66%~99%。意大利 P. ROMISONDO 及 G.ME 指出，用蜜蜂为梨树授粉，坐果率可达 42.5%，比风媒的授粉区和自由授粉区高 20%，其落果率也比风媒授粉区低 56%，比自由授粉区低 70.3%。德国 PRITSCH G. 指出，有蜂区红三叶草的产量是无蜂区的 8.7 倍，70% 的采访者是蜜蜂，28% 是野生蜂，2% 是小野生蜂。

我国由于疆域广大，地形复杂，农业集约化和机械化程度相对较低，因而养蜂业为农业增产增收的潜力很大。国内授粉试验证明，通过蜜蜂授粉可使水稻增产 2.5%~5%，棉花增产 23%~30%，油菜增产 26%~66%，大豆增产 92%，荔枝增产 313%~ 417%。温室桃增产 41.5%~64.6%，西瓜增产 29.3%~32.8%，柑橘增产 30%，油菜增产 28%，桃、李增产 25%，枇杷增产 20%，火龙果和猕猴桃增产 15%，草莓产量平均提高 65.6%~74.3%。山东苹果蜜蜂授粉区产量 3 689 千克/亩，空白对照区苹果产量仅 770 千克/亩，相差 4.8 倍。据专家估算，通过蜜蜂授粉后，我国油菜能增产菜籽 55 000 多吨；向日葵由蜜蜂授粉后，可增加产值 4 亿多元；棉花经蜜蜂授粉后，能增产 38% 的皮棉；荞麦利用蜜蜂授粉后能增值 1.3 亿元，若将瓜果、牧草、经济林木的授粉增产值计算在内，增值不可估量。

由此可见，利用昆虫为植物进行授粉是一项很好的农业增产措施，具有重大的意义。

苹果自然授粉结果状（邵有全 摄）　　苹果蜜蜂授粉结果状（邵有全 摄）

2. 蜜蜂授粉可改善品质

蜜蜂授粉可提高作物质量，使果实增大、畸形果率降低、某些营养成分增加，使油料作物出油率提高，促进果实和种子的发育和成熟，改善果实和种子品质，提高后代的生活力。蜜蜂授粉因而成为世界各地农业增产的有力措施。

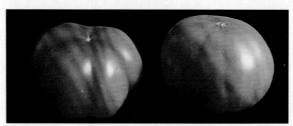

喷施激素（左）与熊蜂授粉（右）番茄果型比较（邵有全 摄）

Greenleaf 等研究了野生蜜蜂 Anthophora urbana Cresson 和 Bombus vosnesenskii 对番茄产量的影响，与对照组相比，蜜蜂的授粉作用可显著提高番茄果实的体积，效果也优于人工异花授粉。国内研究表明，熊蜂授粉区果实周正、果皮光亮转色均匀，果肉中隔规矩肥厚、营养组织饱满，而常规管理区果实无光泽、转色不匀，果肉中隔散乱较薄、营养组织散乱。草莓蜜蜂授粉后可滴定酸（以柠檬酸计％）和维生素 C 也较非蜜蜂授粉对照区高。苹果蜜蜂授粉区果形明显较非蜜蜂授粉对照区周正、颜色红正，果实种子数平均 7.8 粒。油菜蜜蜂授粉区的单株角果数较自然对照区增加 44％，出油率提高 3％。梨树蜜蜂授粉区的平均单果重量比常规管理区高 35 克，坐果率提高 6％，畸形率低 65％，可溶性固形物提高 2％。枣树蜜蜂授粉区果实硬度、糖度、可溶性固形物均高于常规管理区和空白对照区。向日葵蜜蜂授粉区较自然授粉区的平均单盘成粒数高 120 粒，单盘结实率增加 11％，百粒重增加 0.1 克，单株子实重高 18 克。哈密瓜蜜蜂授粉区可溶性糖、还原糖、可溶性固形物、维生素 C 含量比自然授粉区分别高 6％、4％、8％、45.6％。蜜蜂授粉组火龙果平均单个重 489 克，人工授粉对照组平均单个重 382 克，平均单个增重提高 22％。经蜜蜂授粉可以提高牧草及种子蛋白质含量，提高作物种子发芽率，产品的质量得到提高。授粉会提高或改变粮食作物内含物如淀粉、糖类、蛋白质等的含量，增加油料作物的含油量，改善瓜果类作物果型的大小、匀称性及提高其内容物、维生素、微量元素含量，黄瓜畸形率下降等等。

同期授粉苹果幼果大小比较（邵有全 摄）

蜜蜂授粉草莓果实（武文卿 摄）

蜜蜂授粉哈密瓜果实（邵有全 摄）

3. 养蜂业收益可观

蜜蜂授粉不仅可以为农业发展带来巨大收益，同时，养蜂业前景广阔，也是一个很好的创收产业，发展养蜂业是增加农民收入的有效途径。发展养蜂业不与种植业争地、争肥、争水，也不与养殖业争饲料，具有投资小、见效快、用工省、无污染、回报率高的特点。养蜂生产带给农民的收益除销售蜂产品而获得的直接经济效益外，还可以通过租赁蜂群进行授粉获得收益，因而养蜂生产成为农民增收的重要手段。养蜂业已成为农村名副其实的重要副业。

根据目前市场行情，养一箱意大利蜜蜂的纯收入相当于当前农民出售一头肥猪的全部收入；一个农户饲养 100 箱蜜蜂，每年收入在 4 万 ~5 万元，除去蜜蜂饲养费用和人工费用外，纯利润也可达 3 万元左右，如果遇到丰产年份，纯收入则可达 5 万元以上。养蜂业是当前农业养殖业生产中易管理、投资小、见效快、好上手的特色产业。养蜂不受城乡限制、不受地区影响，农民只需少量资金的投入，当年就可获得经济效益。饲料来源是养蜂业有别于其他畜禽养殖业的一个显著特点，蜜蜂的饲料都是来源于自然界的蜜粉源植物。我国幅员辽阔，有着极为丰富的森林、草原、果园、农田，期间蕴藏着大量的蜜粉源植物，这就为蜜蜂提供了丰富而充足的饲料来源，蜜蜂养殖除在蜜源枯竭和越冬期间，饲喂少量的饲料，其他时间都是由大自然免费提供的，没有任何成本。目前国内养蜂主要仍以生产蜂产品为主要目的，在正常年份下，养蜂投入与蜂产品产出比约为 1：5。

近年来，随着国内授粉产业的发展和政府部门的重视，国内养蜂农户将饲养的蜂群，以租赁形式租用给种植农户为大田或设施作物授粉，也逐渐成为了养蜂农户的一项重要收入。以调查的设施草莓授粉租蜂情况为例，养蜂农户有蜂群

山区西方蜜蜂养殖（邵有全 摄）

共 300 群，种植面积为 600~1 200 平方米的大棚，一般需租 1 箱蜂（5 脾蜂），一脾蜂租金为 60~80 元，一箱蜂租金为 300~400 元，蜂群入棚时间为当年 11 月至次年 3 月搬出，蜂群饲料费用棚主另付，蜂农出租 200 群，养蜂农户冬季蜂群租赁费用达 6 万 ~8 万元，收益可观。

庭院中华蜜蜂养殖（武文卿 摄）　　　山区中华蜜蜂养殖（武文卿 摄）

4. 养蜂业可提供就业岗位

我国加大生态建设步伐，开展了矿山修复、平原造林、城市园林绿化建设、湿地公园建设等多项生态修复工程，生态环境得到保护，但也使许多农民失去了赖以生存的土地，如何解决农村剩余劳动力的再就业问题，实现农村的稳定发展刻不容缓。蜂产业凭借其独特的空中生态产业优势，成为农村特别是山区农民致富增收的不二选择，使农民不用出门，就能得到一份轻松的工作，实现"生态受保护、农民得实惠"的绿岗就业增收目标；蜂产业作为农村的传统产业，为留守家乡的特定人群，特别是老弱病残及妇女提供了就业机会，促进了农村剩余劳动力的就业，带动农村富裕；我国各地纷纷开展蜂业乡土专家培养、科技下乡、蜂农学校兴办、新型蜂农培养、蜂产品溯源管理技术培训及鼓励合作社走向市场等工作，加大蜂业科技推广力度，大幅提升了蜂产业的发展水平和蜂农的综合素质，拓宽了农民就业渠道，实现了产业提质增效与农民就业增收的"双赢"，进而促进了农村精神文明建设的发展与进步。

养蜂业是劳动密集型的产业，我国养蜂业的竞争优势主要体现在劳动力密集型产业优势上，如蜂王浆生产，由于生产条件和生产技术的要求，目前，还难以实现机械化生产，大部分工序必须用手工完成。我国蜂王浆的产量占世界蜂王浆产量的90%以上，以我国的养蜂业发展2 000万群预计，以每100群使用3个劳动力计，2 000万群可解决60万人就业问题，将使60万农民脱贫致富。

养蜂是一项环境友好型产业，对维持生态平衡和生态农业的发展具有重要意义。同时，蜜蜂产品也是保证人们身体健康不可多得的保健食品和药品，随着人民生活水平的提高，也正被更多的人所关注。在全世界都在重视生态环境保护的今天，发展养蜂业无疑是最好的选择。

蜂群检查（邵有全 摄）

收获蜂蜜（邵有全 摄）

向日葵花粉生产（邵有全 摄）

无论是追加肥料、增加灌溉，还是改进耕作措施，都不能代替蜂授粉的作用。蜜蜂与植物在长期的协同进化中，在植物的花器和蜜蜂的形态结构及生理上形成高度的相互适应，在遗传上形成了它们之间的内在联系。如果没有花粉、花蜜，蜜蜂就不能繁衍；反之，如果没有传粉昆虫，植物就不能传授花粉，显花植物也不能传宗接代。由于蜂授粉更及时、更完全和更充分，因此，对于提高作物的坐果率、结实率方面效果更加突出，在提高作物产量和改善品质方面更是效果显著，因此，蜂授粉在现代农业生产中具有不可替代的作用。

第二节 授粉蜂的必要性

一、规模化农业飞速发展

随着我国农业现代化步伐的迈进，农业向集约化、规模化、产业化发展已呈必然趋势。随着大规模农田的开垦，农作物大面积单一化种植现象普遍发生，生态环境受到严重破坏，生物多样性受到严重影响，野生授粉昆虫数量锐减。

果树种植面积的迅速增加，造成授粉昆虫数量相对不足，不能满足授粉的需要，已成为制约果业发展的重要因素。由于授粉昆虫数量的不足，不能满足果树产量和质量上的需要。虽然使用人工授粉或者激素喷施的方法可以提高授粉效果，但是从效率和果实安全性上都是无法与昆虫授粉相比。因此，大力发展蜂授粉技术是从根本上解决授粉昆虫数量不足问题的有效方法。

四川油菜单一规模化种植
（武文卿 摄）

江西荷花单一规模化种植
（邵有全 摄）

山西梨树单一规模化种植
（邵有全 摄）

山西向日葵单一规模化种植
（邵有全 摄）

二、设施农业迅猛发展

设施农业是利用人工设施，以可调控的技术手段，为农作物的生长提供良好的环境条件，实施高产、高效的现代农业生产方式。设施农业是我国现代农业发展的重要标志，是推动农业科技与传统农业结合、带动农业转型升级的最直接表现形式。我国经过30多年的发展和探索，设施农业已在大部分地区得到广泛推广和成熟应用，已经普及农村地区，农民发展设施农业积极性很高。随着我国农业技术的快速发展，设施农业技术逐渐成熟，适合不同地区、不同自然条件的设施技术不断改进，再加上政策的扶持和技术指导，我国设施农业面积迅速扩大，已成为全球设施农业生产大国，面积和产量都位于世界前列。

设施番茄生产栽培（邵有全 摄）

随着种植业结构的调整和农业园区的建设，设施农业的迅速发展，越来越多的果蔬植物在温室内得到广泛栽培。设施农业为种植农户带来可观收益的同时，在设施栽培条件下，依赖昆虫授粉的作物，

茄子涂抹生长调节剂
（邵有全 摄）

例如，草莓、甜椒、设施桃、番茄和西甜瓜等，由于设施栽培相对独立的封闭小环境，几乎没有自然授粉昆虫，作物授粉直接受到影响，造成结实率低、果实质量差等现象，大部分设施作物必须依靠外在的辅助授粉技术才能实现作物的结实和丰收。目前，大多采用给花朵涂抹植物生长激素2, 4-D来保花保果，采用激素喷施的方法常会造成果实畸形率较高、口感差，而且涂抹激素费工费时，劳动成本高，同时也会给果实造成化学激素污染，这在发达国家

早已是明令禁止使用的。由于蜂与植物及其花朵在长期的协同进化过程中，其生物学特性与植物花的颜色、香味、构造等形成了非常默契的吻合性，使得它在设施农业作物授粉中具有不可替代的作用。把蜂引入温室授粉，不仅可以降低人工辅助授粉的费用，而且可大幅度提高坐果率和产量。

三、大面积喷施农药

因为杀虫剂、除草剂的广泛使用，且高浓度、大剂量地使用农药杀灭害虫的同时造成传粉昆虫大量被毒杀，机械化耕作，土地大面积开垦，原始森林被破坏，原有生态环境被改变，传粉昆虫生存空间越来越小。野生传粉昆虫的栖息环境被破坏，导致自然界野生传粉昆虫数量急剧下降，严格依赖虫媒授粉的植物对人为引入授粉昆虫的依赖性更大，必须通过人工引入传粉昆虫，才可以弥补自然界传粉昆虫数量的不足。

设施番茄田喷施农药（武文卿 摄）

苹果田喷施农药（武文卿 摄）

油菜田喷施农药（武文卿 摄）

蜜蜂不仅可用以授粉，还可作为生物防治作物病害的媒介。Dedej 等经过 3 年的试验，发现通过在蜂箱中配置盛放 Serenade（含枯草杆菌）的配合器，使作为授粉昆虫的蜜蜂携带生物防治剂—枯草杆菌到蓝莓的雌蕊上，在实现授粉的同时还可有效抑制蓝莓病害。相似地，Kapongo 等利用熊蜂为温室作物（番茄和甜椒）授粉时携带传播球孢白僵和粉红螺旋聚孢霉，从而对作物起到生物防治有害昆虫和灰霉菌的作用。在番茄作物的应用结果为：温室粉虱的致死率达 49%，花和叶的灰霉菌的抑制率分别为 57% 和 46%；在甜椒的应用结果为：美国牧草盲蝽的致死率达 73%，花和叶的灰霉菌的抑制率分别为 59% 和 47.6%。

四、劳务工资上涨

蜜蜂授粉省工、省时、效率高、效果好。蔬菜制种和温室栽培黄瓜、西红柿、果树等，以前多采用人工授粉的方法来提高坐果率和增加产量。但是，由于近年来人员工资的提高，致使生产成本大幅度上升，而且，由于人工授粉不均匀，授粉时间不好掌握，费工费力。

梨树人工授粉的人工成本增长过快。由于梨树花期短，人工授粉对劳动力的需求量规模大且时间集中。随着农村劳动力不断转移，授粉工人费用越来越高，在梨生产各项成本中上涨最快。武文卿等2010 年进行了梨树蜜蜂授粉现状调查，调查发现山西祁县梨树人工授粉每公顷 4 500 元。时隔 5 年，2016 年调查结果显示，祁县梨农还在采用人工授粉的方式，一家连续授粉 2~3 天，人工授粉成本费用每公顷约为 6 000 元，最高一户 0.23 公顷 果园花费 2 800 元，5年之间人工授粉费用每公顷上涨 1 500 元之多。河南省人工授粉成本在梨总生产成本中约占 13%，山西省为 8%，吉林省为 8%。梨树人工授粉成本已经成为梨生产成本中除化肥农药以外最大的一项。梨树人工授粉的劳动力数量需求压力不断增大。近年来，梨产业效益较好，梨农对梨生产的投入加大，包括加大人工授粉的投入，梨树授粉期梨农对人工授粉劳动力争夺激烈，使得授粉劳动力日益紧缺。而从全国形势来看，我国农村劳动力老龄化现象严重，年轻人不再愿意从事繁重的体力劳动。预计在未来几十年内，农村劳动力紧缺现象将会愈演愈烈，如果梨人工授粉模式不加以改变，未来梨树人工授粉的有效劳动力供给令人堪忧，将直接影响梨产业的可持续发展。从整个社会经济的长期发展趋势来看，梨树人工授粉面临的诸多问题将会越来越严重，不断压缩梨农的收益，制约梨产业的发展。

苹果人工授粉（郭宝贝 摄）

猕猴桃人工授粉（邵有全 摄）

梨树人工授粉工具
（武文卿 摄）

花粉喷施工具
（郭媛 摄）

梨树人工授粉所用花粉
（武文卿 摄）

梨树人工授粉雇工（邵有全 摄）

梨树人工授粉（郭媛 摄）

第四章

农业中产业化的传粉昆虫

地球上，昆虫占动物种类总数的 3/4，其中约有 7 个目 22 个科的昆虫能够传粉，膜翅目的 11 个科授粉能力最为明显。膜翅目的蜜蜂总科是最为理想的授粉昆虫，国内外已经驯化可为作物授粉的昆虫包括蜜蜂、熊蜂、切叶蜂与壁蜂，他们的种类及其生活方式、繁殖规律、访花授粉各有特点。

第一节　蜜　蜂

蜜蜂在分类学上属于节肢动物门（Arthropoda）、昆虫纲（Inseacta）、膜翅目（Hymenoptera）、细腰亚目（Apocrita）、针尾部（Aculeata）、蜜蜂总科（Apoidae）、蜜蜂科（Apidae）、蜜蜂亚科（Apinae）、蜜蜂属（Apis）。

蜜蜂属在生物学特性上，都是营社会性生活，能泌蜡筑巢，巢脾由上而下纵向发展，其两面均具六棱柱形巢房，且公用底、公用边；采集、酿造、贮藏蜜粉积极。共同的形态特征是，前翅有 3 个亚缘室，前缘室顶端圆形、等宽，且几乎伸达翅角；第二亚缘室上部比下部窄得多；后足胫节无距。现公认蜜蜂属包括 9 个种，按定名时间依次为：西方蜜蜂 *Apis mellifera* Linnaeus 1758 、小蜜蜂 *A. florae* Fabricius 1787 、大蜜蜂 *A.dorsata* Fabricius 1793 、东方蜜蜂 *A.cerana* Fabricius 1793 、黑小蜜蜂 *A.andreniformis* Smith 1858 、印尼蜂 *A.nigrocincta* Smith 1861 、黑大蜜蜂 *A.labriosa* Smith 1871 、沙

巴蜂 *A.koschevnikovi* Buttel–Reepen1906 、绿努蜂 *A.nuluensis* Tingek, Koeniger and Koeniger1996 。

现有的蜜蜂种类中，只发现了西方蜜蜂的化石，可追溯到更新世，这段时期开始于 300 万年以前。大多权威人士主张蜜蜂起源于非洲，和早期人类的起源一致，然后传播到其他地方，逐渐分化成不同的种类，与人类的发展并联。虽然所有的种类可能有一个共同的祖先，但由于生活在不同区域，气候及捕食条件等环境压力不同，所以不同的类群经历了诸如遗传漂变等各种突变。

我国是世界养蜂大国，蜂种资源极为丰富，目前我国饲养的蜂有东方蜜蜂、意大利蜂、卡尼鄂拉蜂、东北黑蜂和新疆黑蜂。野生的蜂种有大蜜蜂、小蜜蜂、黑大蜜蜂和黑小蜜蜂。

一、东方蜜蜂

东方蜜蜂分布在亚洲中部、东部及南部。东起日本，西至阿富汗，南到帝汶岛，北达俄罗斯的远东地区。由于地理上的隔离，形成了许多不同的生态型。目前，人们普遍认为东方蜜蜂有 5 个亚种，即中华蜜蜂亚种、印度蜜蜂亚种、喜马蜜蜂亚种、日本蜜蜂亚种和菲律宾蜜蜂亚种。亚种间在形态上有明显区别，同工酶电泳上具有不同带区，并具有一定生殖隔离区。

华南中蜂（刘玉玲 摄）

工蜂体长 9.5~13.0 毫米；体色变化较大，热带、亚热带的品种，腹部以黄色为主；高寒山区或温带地区的品种以黑色为主。目前，东方蜜蜂处于野生、半野生或家养状态。野生群体筑巢于树洞、岩洞等隐蔽场所，含多片巢脾，年群取蜜 5~6 千克。家养蜂群采用活框饲养技术，年群产蜜量可达 20~25 千克。是亚洲许多国家的重要蜜蜂资源。

东方蜜蜂是我国原有的重要蜜蜂种质资源，在中国已有近 7 000 多万年的历史。全国除新疆和内蒙古之外，东方蜜蜂几乎遍及每个开花的角落，对形成我国独特的植被体系起了重要作用。东方蜜蜂在早春出巢采集早、极其善于利用零星蜜源、具有抗螨性、能对早春开花的农作物及果树的授粉、山区养殖蜜蜂以及蜜蜂抗病育种极为有利。但由于自 1896 年西方蜜蜂的引进以及东方蜜蜂遭遇了大规模病敌侵害后，使东方蜜蜂资源数量急剧下降，资源处在濒危匮乏状态。

中华蜜蜂采集红蓼（刘玉玲 摄）　　　采集中的中华蜜蜂（邵有全 摄）

二、西方蜜蜂

西方蜜蜂原产于欧洲、非洲和中东地区。至 19 世纪，蜜蜂一直以传统方式进行饲养。随欧洲移民的携带及商业交往，现已遍布除南极洲以外的世界各大洲，成为很多国家和地区养蜂生产上的主要品种。随着工业化革命的进行，现代蜂箱出现。同时由于欧洲黑蜂不易饲养，意大利蜂逐渐取代欧洲黑蜂。意大利蜂最初分布在阿尔卑斯山脉附近瑞典和意大利北部的小范围区域，1853 年被引入德国，1860 年引入美国，

意大利蜜蜂的三型蜂（刘玉玲 摄）

19世纪80年代很多蜜蜂的生态型被引入美国。

西方蜜蜂有 24 个地理亚种。工蜂体长 12~14 毫米，体色主要有黄色和黑色两种。现处于野生、半野生及家养状态，非洲的西方蜜蜂以野生、半野生为主，筑巢于空心树段、竹编笼子、泥制瓦罐等，含多片巢脾；欧洲类型的以家养为主，筑巢于人工制作的标准蜂箱内，其生产性能得到了极大的提高。

意大利蜜蜂蜂群（刘玉玲 摄）

意大利蜜蜂采集大葱（李志勇 摄）

意大利蜜蜂采集女贞（李志勇 摄）

三、其他蜜蜂

小蜜蜂，主要分布于南亚及东南亚，西至阿曼北部和伊朗南部。我国的海南、云南南部和广西南部均有分布。工蜂体长 7~8 毫米；蜂王 13~15 毫米；雄蜂 11~13 毫米，是蜜蜂属中小型的一种。常筑巢于草丛或灌木丛中，营造单一、露天的巢脾，具季节性迁移习性。

大蜜蜂，主要分布于南亚、东南亚及我国云南南部、广西南部和海南等地。工蜂体长 16~17 毫米，是蜜蜂属中大体型的一种；头、胸黑色，腹部第 1~2 节背板呈橘黄色，其余褐黄色。通常在高大的阔叶乔木的横干下筑造单一、露天的巢脾，巢脾长 0.5~1.0 米，宽 0.3~0.7 米，喜群居，在同一棵大树上有数十群乃至上百群的蜂巢。

大蜜蜂是南亚热带雨林重要的传粉昆虫，其授粉价值远大于产品的价值。

黑小蜜蜂，主要分布于南亚及东南亚，在我国仅分布于云南南部的西双版纳、沧源等地。工蜂体长 7~8 毫米；蜂王 12~14 毫米；雄蜂 10~11 毫米。三型蜂体色均为黑色。筑巢于海拔 1 000 米以下的次生稀树草坡的小乔木上。营单一、露天的巢脾。体小灵活，是热带经济作物的重要传粉昆虫。

黑大蜜蜂，又称岩蜂，喜马蜜蜂，分布在我国境内的喜马拉雅山脉、横断山脉，以及尼泊尔、不丹、印度的北部山区等。工蜂体长 17~18 毫米，全身黑色，腹部第 2~5 腹节具银白色的绒毛带，前翅烟褐色。常筑巢于海拔 1 000~3 500 米的悬崖峭壁下，营单一、露天的巢脾。脾长 0.8~2.0 米，宽 0.6~1.0 米。喜群居，具迁移习性，夏季由低海拔山区向高海拔山区迁飞，冬季再迁向低海拔山区繁殖。每群黑大蜜蜂每年可猎蜜 20~40 千克及大批蜂蜡，是一种极具经济价值的野生蜜蜂资源。

印尼蜂，分布于印度尼西亚民大拿峨岛、桑吉群岛以及苏拉威西岛的南部和西部。营穴居，形态较东方蜜蜂更大，唇基和足略带黄色，雄蜂交配飞行时间在东方蜜蜂飞行快结束时进行。

沙巴蜂，分布于马来西亚和印度尼西亚的加里曼丹岛沙巴州（Sabah）。工蜂个体较印度蜜蜂略大，体色呈红铜色，腹部第 1~6 节背板基部各具一条银白色的绒毛带。营穴居生活，造复脾。

绿努蜂，分布于马来西亚的沙巴州、婆罗州（加里曼丹岛）。生活在海拔 1 700 米以上的山区，穴居，树上筑巢。它与印尼蜂血缘最近，但翅脉与东方蜜蜂近似，形态与同地的沙巴蜂明显不同。雄蜂出巢交尾时间与同地的东方蜜蜂和沙巴蜂不一致。

蜜蜂在与植物经过长期的协同进化过程中，植物在开花习性、颜色、气味、泌蜜上与蜜蜂形成了非常默契的协同，而蜜蜂虫体的特殊结构，如携粉足、花粉筐和蜜囊，都为植物实现成功授粉和繁殖提供了必要的条件。

蜜蜂的成蜂具有 3 对足，为前、中、后足，分别着生于前、中、

后胸腹板的两侧。蜂王和雄蜂的足仅是运动器官,而蜜蜂工蜂的足不仅仅是单纯的运动器官,后足具有采集花粉的构造,因此后足又称为携粉足。

蜜蜂的后足胫节呈三角形。在胫节端部有一列刚毛,为花粉耙。在基附节的扁平内侧,长有9~10排的刚毛,称为花粉栉,用于梳集花粉。胫节外侧表面光滑而略凹,边缘着生弯曲的长刚毛,形成1个可以携带花粉团的装置,为花粉筐。花粉筐中着生有1根长刚毛,利于稳固花粉团。花粉筐不仅可以用来运送花粉,也可以采集植物或树干上的树脂,用以加固蜂巢。

蜜蜂的蜂王和雄蜂的蜜囊均不发达,蜜蜂工蜂的蜜囊是用来储存采集的花蜜等液体的嗉囊,位于前肠中食管与前胃之间一个膨大的具有弹性的薄壁囊,有较大的伸缩性,且蜜蜂囊内有稀疏的短绒毛。工蜂外出采集时可将采集到的花蜜储存在蜜囊中携带回巢,并储存到巢房中。通过蜜囊的收缩,蜜汁可以返回口腔。据研究报道,意大利蜜蜂工蜂的蜜囊平时容积为14~18微升,储满花蜜后,可扩大至55~60微升;中华蜜蜂工蜂蜜囊的容积可扩大至40微升。

第二节 熊 蜂

熊蜂隶属于节肢动物门(Arthropoda)昆虫纲(Insecta)膜翅目(Hymenoptera)细腰亚目(Clistogastra)针尾部(Aculeate)蜜蜂总科(Apoidea)蜜蜂科(Apidae)蜜蜂亚科(Apinae)熊蜂属(*Bombus*),主要包括熊蜂亚属(*Bombus* Latreille)和拟熊蜂亚属(*Psithyrus* Lepeletier)。

熊蜂个体大,寿命长,浑身绒毛,有较长的吻,具有旺盛的采集力,日工作时间长,对蜜粉源的利用比其他蜂更为高效;熊蜂能抵抗恶劣的环境,对低温、低光密度适应力强,既使在蜜蜂不出巢的阴冷天气,熊蜂可以继续出巢采集;熊蜂的趋光性比较差,不会像蜜蜂那样向上飞撞玻璃,而是很温顺地在花上采集;熊蜂的声震大,对于声震作物的授粉特别有效，当熊蜂在西红柿等作物的花上授粉时常发出"哔哔"的声音，因此，有人称熊蜂授粉为"哔哔授粉"；而且，熊蜂不像蜜蜂那样具有灵敏的信息交流系统，能专心地在温室内作物上采集授粉，很少从通气孔飞出去。因而，熊蜂成为温室中比蜜蜂更为理想的授粉昆虫。目前开展熊蜂人工饲养繁殖研究或生产的单位已有 11 家之多。

一、地熊蜂

全球熊蜂 250 多种，但目前被各国广泛应用的只有地熊蜂一个种。欧洲地熊蜂 Bombus terrestri，国外从 1912 年开始研究其饲养繁殖技术，至今已有 100 多年的时间，对支撑其人工规模化繁育的生物学、生理学、生态学等方方面面都进行了相关基础研究。最近几年，北京、河北、山东等省市向种植户免费发放 Koppert 和 Biobest 的熊蜂授粉蜂群，可能缺乏必要的培训和警示，出现了一个普通草莓棚室放 3 箱甚至 5 箱熊蜂的现象。

也有的蜂群在授粉后期才发放到用户手中，作物采收后蜂群正处于授粉高效期就被随意丢弃，不排除有蜂王飞逃或新的蜂王在自然界产生，有可能成为入侵物种定居下来，使我国的生态系统受到破坏，对我国本土熊蜂资源产生影响。

地熊蜂采集鼠尾草（刘玉玲 摄）

二、其他熊蜂

我国是全世界熊蜂物种资源最丰富的国家，截至 2016 年 12 月份，我国已探明的熊蜂有 125 种。熊蜂是一种喜温带和寒带的昆虫，热带基本没有分布，在我国分布范围极广，仅个别地方没有发现。不同的熊蜂种，其群势大小也不一样，有些蜂种的群势，最强也只能达到几十只，这样的蜂群，授粉利用价值不高；有些蜂种的群势可高达几百只，我国已从本土的熊蜂种类中选出多个易于饲养、种群大、适合授粉的熊蜂物种，如红光熊蜂 *Bombus ignitus*、兰州熊蜂 *Bombus lantschouensis*、火红熊蜂 *Bombus pyrosoma*、明亮熊蜂 *Bombus lucorum*、小峰熊蜂 *Bombus hypocrita* 等，群势可高达400~500 只。授粉用的熊蜂，在群势达到 60 只左右时，就可引入温室进行授粉应用，一般熊蜂的授粉寿命为 1 个多月。

熊蜂采集蒲公英（刘玉玲 摄）　　　熊蜂采集杏花（邵有全 摄）

各种野生熊蜂（邵有全 摄）

熊蜂是单只蜂王休眠越冬，第二年春筑巢产卵繁殖，先产生工蜂，一般在夏秋蜂群发展到高峰期时产生雄蜂和新蜂王，处女王交配后不断地取食花蜜和花粉，待体内的脂肪体积累充分时，再以休眠的方式越冬，而老蜂群在秋末冬初时就自然解体消亡。在自然界，熊蜂的授粉应用主要在夏秋季。但在人工控制条件下，可以打破或缩短蜂王的滞育期，即一年可以繁育多代。熊蜂周年繁育的几个关键技术环节如下。

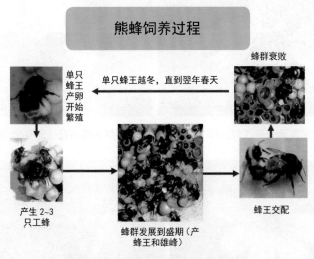

熊蜂饲养过程

单只蜂王产卵开始繁殖

单只蜂王越冬，直到翌年春天

蜂群衰败

产生 2~3 只工蜂

蜂群发展到盛期（产蜂王和雄蜂）

蜂王交配

熊蜂人工繁育过程（黄家兴 提供）

（1）诱导蜂王产卵　诱导野生越冬蜂王或人工饲养的经交配、打破滞育期的蜂王产卵，这是人工饲养的第一步，也是极为重要的一环。自然越冬蜂王的产卵率高，而人工繁育蜂王的产卵率相对要低一些。

（2）蜂群的发展　饲养环境是蜂群发展壮大的关键所在，包括饲养室的温度、湿度等环境因子，熊蜂的发育日期不像蜜蜂的那么严格，它随环境因素的变化而变化。在某一环境下，从诱导产卵到成群大概需要50天的时间，而在另一环境下，则可能需要100多天。所以，选择适宜的饲养环境对工厂化熊蜂群的生产极为重要。

人工繁育中的各种熊蜂（邵有全 摄）

（3）处女王和雄蜂的交配 在蜂群发展到高峰期时出现雄蜂和蜂王，大多数的蜂群先出现雄蜂，后出现蜂王。人工控制条件下熊蜂的交配，是将来自不同群的性成熟的处女王和雄蜂放入交配室，在一定的性别比和环境条件下交配。蜂王

熊蜂交尾（邵有全 摄）

和雄蜂都可以多次交配，交配时间大多为 30 分钟左右，最长的可达 2 小时之久。

（4）蜂王滞育期的处理 在自然界，交配后的蜂王要经过休眠越冬，等第二年春才可筑巢产卵繁殖。而商品化熊蜂群的生产，有时不允许有那么长的休眠时间，一般采用麻醉剂或激素等处理办法来打破蜂王的滞育期，使其在很短的时间内经历了休眠期体内所要经历的生理变化，从而达到打破蜂王滞育期的目的。

（5）蜂王贮存　处理后的蜂王，并不是立即全部用来继代繁育，因为熊蜂的繁育时间是由温室蔬菜授粉的需要来决定的。在一定的条件下，*B. lucorum* 和 *B. terrestris* 的授粉群繁育时间为 50 天左右，即我们应在温室授粉需要前 50 天开始繁育，那么 50 多天后刚好成群，这样才能充分利用熊蜂的授粉寿命。所以，对于不急用的蜂王，我们要想办法来贮存。主要从温度和湿度两个方面来考虑这个问题。蜂王的高效贮存对于工厂化熊蜂群的生产极为重要。

（6）休眠蜂王的激活　贮存过的蜂王，尤其是经过长时间贮存的蜂王，体内的脂肪体消耗较多，不宜直接用于繁育，而要经过一段时间的激活，待体内的营养积累充分、卵巢管发育完全时再进行繁育。这一过程需要的时间一般为几天，主要通过温度和饲料供给量来调节这一过程。激活后的蜂王，又要进行如上描述的周期饲养。

熊蜂野外采集（邵有全 提供）

三、熊蜂授粉技术应用管理

国内设施作物授粉的熊蜂主要来源于科研院所的中试基地和国内外昆虫授粉公司，农户自己饲养熊蜂还未能实现。

（1）蜂群组织　授粉蜂群组织对设施作物授粉效果影响较大，因此，授粉蜂群进入设施前必须进行合理的组织才能高效授粉。首先，应调整蜂群的群势，授粉植物开花前，在温度为 29℃ 左右的饲养室把熊蜂繁育成有 40 只左右工蜂且拥有大量卵、虫、蛹的授粉蜂群，并转入 20℃ 左右的饲养室继续饲养；其次，熊蜂为人工繁育的反季节授粉蜂种，设施作物授粉前应进行低温处理，即在放入温室前 3 天，将熊蜂群移入 15℃ 左右的低温区饲养，同时，在巢箱内加盖适量脱脂棉或碎纸屑进行保温，增强蜂群自身防冻能力；最后，进入设施作物授粉前，在蜂箱内加入适量糖水和花粉，并视作物种类适量补糖水和花粉。当授粉作物花蜜多而花粉少时，应多加花粉等蛋白类饲料；当授粉作物花粉多花蜜少时，应多加些糖水等碳水化合物饲料。熊蜂授粉的效率主要取决于工蜂的出勤率和工蜂数量，因此，授粉熊蜂必需保证具有充足的工蜂，淘汰或合并小群是提高熊蜂授粉效率的重要措施。

（2）蜂群配置

① 时间。熊蜂适应温室环境能力较强，在温室作物开花前 1~2 天（开花数量大约 5% 时）放入即可。应在傍晚时将蜂群放入温室，第 2 天早晨打开巢门。

② 数量。为设施茄果类、瓜果类、草莓类等开花较少的作物授粉，对于 500~700 米^2 的普通日光温室，1 群熊蜂（工蜂 60 只 / 群）即可满足授粉需要；对于大型连栋温室，按照 1 群熊蜂承担 1 000 米^2 的授粉面积配置。为设施桃、杏、樱桃、梨等开花较多的果树授粉，对于面积为 500~700 米^2 的普通日光温室，根据树龄大小和开花多少，每个温室配置 2~3 群的标准授粉群；大型连栋温室，则按一个标准授粉群承担 500 米^2 的面积配置。

③ 摆放。如果 1 个温室内放置 1 群蜂，蜂箱应放置在温室中部；如果 1 个温室内放置 2 群或 2 群以上熊蜂，则将蜂群均匀置于温室中。为设施瓜果类、草莓类授粉，蜂箱放在作物垄间的支架上，支架高度 30 厘米左右；为设施果树类授粉，常把蜂箱挂在温室后墙上，巢门朝南，蜂箱高度与树冠中心高度基本保持一致。

（3）熊蜂管理

① 饲喂。熊蜂为桃、杏等花期集中且花粉较多的果树授粉时，一般不需要补充饲喂食物；当为草莓等花期较长且花粉较少的作物授粉时，需要饲喂花粉和糖水。饲喂花粉同蜜蜂喂花粉的方法一样，制成花粉饼放入蜂群。饲喂糖水时，通常在蜂箱前面约 1 米的地方放置 1 个碟子，里面放置 50% 的糖水，每隔 2 天更换 1 次；同时，在碟子内放置一些漂浮物或小树枝，供熊蜂取食时攀附，以防止熊蜂被淹死。

② 移箱。利用熊蜂为花期错开的果树授粉时，完成前一批果树授粉任务的熊蜂，可以继续为后一批开花的果树授粉。具体方法：前一温室授粉结束时，在晚上熊蜂回巢后关闭巢门，然后将蜂箱移至新的温室，第 2 天早晨打开巢门。

③ 及时更换蜂群。一群熊蜂的授粉寿命为 45 天左右，为长花期作物如番茄、草莓等授粉时，应及时更换蜂群，以保证授粉正常进行。

④ 检查蜂群。蜂群活动正常与否，可以通过观察进出巢的熊蜂数量判断。在晴天 9:00—11:00，如果 20 分钟内有 8 只以上熊蜂飞回蜂箱或飞出蜂箱，则表明这群熊蜂处于正常的状态。对于不正常的蜂群应及时更换。

（4）温室管理

① 隔离通风口。用宽约 1.5 米的尼龙沙网封住温室通风口，防止温室通风降温时熊蜂飞出温室而冻伤，导致整个蜂群授粉效率下降。

② 控温控湿。授粉期间，根据作物生长要求控制温室内的温度和湿度。果树类花期一般不高于 25℃，以防温度过高造成花朵灼烧，导致花朵败落；但有一些茄果类作物对温度要求较高，必须控制在 30℃或更高时才能促进花芽分化，所以应针对不同的作物生物习性对温湿度进行调整，才能使植物生长达到最佳条件，以促进花的分化、泌蜜和花粉的成熟。

③ 作物管理。放入授粉蜂群前，对温室作物病虫害进行一次详细检查，必要时采取适当的防治措施，随后保持良好的通风，除去室内的有害气体。作物栽培采用常规的水肥管理，切勿去雄。为温室果园授粉时，温室地面铺上地膜，保持土壤温度和降低温室内湿度，有利于花粉的萌发和释放。授粉结束后，根据作物生产需要调整温度、湿度，加强水肥管理和病虫害防治。

④ 用药注意事项。在植物开花前，应杜绝使用残留期较长的农药，如敌敌畏、乐果等。植物开花期间，要尽量杜绝使用毒性较强的杀虫剂，如吡虫啉、毒死蜱等。如果在必须施药的情况下，应尽量选用生物农药或低毒农药。施药时，一般应将蜂群移入缓冲间以

避免农药对蜂群的危害，如在施用百菌清等杀菌剂时，将蜂群移入缓冲间隔离1天，然后，放回原位即可；夜晚采用硫黄熏蒸防治作物灰霉病和烂根病等病害时，对熊蜂的影响较小；利用熊蜂为设施茄果类授粉时，不可再喷洒2,4-D和赤霉素等植物生长调节剂。

第三节 壁 蜂

壁蜂是苹果、梨、桃、樱桃等蔷薇科果树及大棚蔬菜的优良传粉昆虫。全世界已知壁蜂约有341种，壁蜂隶属于膜翅目Hymenoptera，蜜蜂总科Apoidea，切叶蜂科Megachilidae，壁蜂属Osmia。壁蜂为野生独居性昆虫，具有耐低温、采集速度快、不需要人工饲喂、便于管理的特点。

一、角额壁蜂

角额壁蜂 Osmia cornifrons Rodoszkowski 是被广泛应用于栽培植物传粉的重要类群。早在20世纪50年代，日本用角额壁蜂为苹果授粉并发展成为苹果商业性传粉昆虫。美国于70年代、韩国于90年代起开展此项研究也获得成功。我国于1987年由中国农科院生物防治研究所从日本引进角额壁蜂在河北和山东的苹果园中释放成功。角额壁蜂是一类野生的蜂种，该蜂种适应性强，授粉效果好，可为多种果树授粉。角额壁蜂主要分布在我国的渤海湾地区。

角额壁蜂的成蜂体长10~18毫米，体黑褐色有毛，雌性成蜂唇基光滑，中央呈三角形突起，两侧各具有角状突起，触角粗而短，腹毛有橘黄色的腹毛刷。雄性成蜂唇基及脸部有一撮较长的灰白毛，触角细长，胸部短而宽。卵长约3毫米，呈弯曲的长圆形，乳白色半透明。幼虫乳白色半透明，体肥胖，呈C形，体长10~18毫米。蛹初期为乳白色至黄白色，后变为黑褐色。茧呈椭圆形，长8~12毫米，直径5~7毫米，茧壳较硬有韧性，为灰白色丝膜。

角额壁蜂卵、幼虫、蛹及成蜂大部分时间均在巢管内度过。卵期为 10~15 天，幼虫期为 20~25 天，整个蛹期为 70~80 天。于 8 月上旬羽化为成蜂，随后进入滞育状态。开春 2 月份在储藏茧处的温度回升到 12℃以上时，成蜂便破茧出巢。壁蜂羽化后便进行交配，雌蜂在外界可存活 35~40 天，雄蜂可存活 20~25 天。壁蜂飞行的适宜温度为 14~18℃，飞行距离为 100~150 米，活动时间以 12:00—16:00 最为活跃。雌蜂交配后选择适合的巢管留下气味后，寻找潮湿的泥土在管内筑巢，采集花粉和花蜜放入巢室，制成花粉团作为幼虫食物，在花粉团上产下一枚卵。然后再用湿的泥土筑造下一个巢室。一个巢管内一般可产 8~12 个卵。

二、凹唇壁蜂

凹唇壁蜂分布最广，分布在辽宁、山东、河南、河北、陕西、山西、江苏等地。凹唇壁蜂雌蜂体长 12 ~15 毫米，体黑色粗壮，密生长毛，唇基呈三角形凹陷，腹部毛刷为金黄色。雄蜂略小于雌蜂，体毛较短，唇基及颜面间有一束灰白色长毛。卵为长圆形弯曲状，长 2 ~2.5 毫米，乳白色半透明。幼虫体长 12~17 毫米，老熟后体粗肥呈 C 形。蛹初期黄白色，头胸较小，腹部肥大弯曲，以后逐渐加深变为黑褐色。凹唇壁蜂冬茧深红褐色，前端有一乳状突起，呈长圆形，雌茧平均长 9.9 毫米，直径 4.6 毫米，雄茧长 8.4 毫米，直径 3.9 毫米。

成虫于 3 月底前后出巢活动，采粉、采蜜、筑巢、产卵。观察看出凹唇壁蜂活动期与果树花期长短、蜜源的多少有很大关系，花期短，蜜源少时，活动期相对较短，一般雄蜂为 15~30 天，雌蜂为 30~45 天。卵、幼虫、蛹均在巢管内生长发育，卵期 6~7 天，幼虫期 15~20 天，前蛹期 60 天 左右，蛹期 25~30 天。成虫于 8 月下旬至 9 月上旬羽化，羽化后的成虫进入休眠期

野外采集的壁蜂（刘玉玲 摄）

状态，并继续呆在巢管内越冬，直到第二年春季果树开花前，成虫

才破茧出巢访花授粉。凹唇壁蜂一年之中有 300 多天在巢内生活。

三、其他壁蜂

我国已记述壁蜂 36 种，壁蜂族 Osmiini 有 10 新种，授粉研究应用较多的壁蜂种类还有：叉壁蜂（Osmia pedicornis Cockerell）、紫壁蜂（Osmia jacoti Cockerell）和壮壁蜂（Osmia taurus Smith）。紫壁蜂主要分布在渤海湾地区，壮壁蜂主要分布于我国南方，叉壁蜂主要分布于江西和四川等地。

5 种壁蜂均为 1 年发生 1 代。壁蜂的雄蜂在自然界中的活动时间只有 20~25 天，完成交配活动后死亡。壁蜂的雌蜂在自然界中活动时间为 35~40 天。在华北地区自然条件下，成蜂在 4 月上旬产卵，幼虫取食时间是 4 月下旬至 6 月上旬，孵化在 6 月下旬。幼虫取食完花粉团并结茧后转为前蛹。角额壁蜂 7 月底至 8 月上旬化蛹，8 月中下旬羽化；凹唇壁蜂 8 月中上旬化蛹，8 月下旬至 9 月上旬羽化；紫壁蜂则是 9 月上旬陆续化蛹，9 月中下旬羽化为成蜂；成蜂的滞育时间为 210~270 天，以专性滞育状态越秋越冬。成蜂只有经历冬季长时间的低温和早春的长光照，才能打破滞育。当环境温度达到 12℃后，在茧内休眠的成蜂苏醒，破茧而出，开始进行寻巢、交配、采粉、筑巢和繁衍后代等活动。壁蜂茧可在人工低温条件 (1~5℃) 进行贮存以延长成蜂的滞育时间，为开花较晚的果树或者设施栽培作物进行授粉。

四、授粉壁蜂访花特性

（1）采集时间长，耐低温 杨龙龙等研究表明，凹唇壁蜂和角额壁蜂每天从 6:00—7:00 出巢采集花粉，直到 18:00—19:00 才停止访花采粉，每天活动时间在 12 小时以上；飞行访花的起始温度要求比较低，各种壁蜂在花期气温 12~16℃时即能正常采粉、采蜜和营巢。而蜜蜂的活动适温是 20~30℃，低于 17℃时不利于访花授粉。所以壁蜂对早春果树花期的气候很适应。

（2）访花速度快 凹唇壁蜂和角额壁蜂每分钟访花 10~16 朵，

日访花量可达 6 000 余朵,紫壁蜂每分钟访花 7~12 朵,日访花量达 4 000 朵以上。

(3)授粉能力强,坐果率高 据观察,壁蜂访花与柱头接触率为 100%。凹唇壁蜂 1 次访花坐果率达 92.9%,紫壁蜂为 77.6%,意蜂为 42.5%,人工授粉的花朵坐果率为 24.41%,自然授粉为 14%,显然壁蜂授粉能力强。

五、壁蜂授粉技术应用管理

利用壁蜂授粉可提高作物产量和改善品质,但应注意以下几个方面。

(1)在放蜂前 10~15 天前进行杀虫剂和杀菌剂的喷施 如果在临近果园开花和释放壁蜂茧时,发现某一种病虫危害较重时,可采用选择性农药(如尼索朗、阿维菌素、浏阳霉素、农抗 120 等)进行防治。放蜂期间禁止喷任何药剂(包括杀菌剂),防止壁蜂不进巢或不访花。

(2)蜂箱的摆放位置和方向要恰当 要放在地的中央,前面开阔,后面隐蔽在树下或靠近作物,蜂箱要与地面保持一定距离,最好用架子将蜂箱架起,这样有利于防止天敌对壁蜂及巢管内幼蜂的侵害。蜂箱内巢管开口为东南方向,可使壁蜂提早出巢访花。

(3)在果树或者作物盛花期前 3~7 天进行放蜂 放蜂时间一般选择在傍晚。壁蜂从茧中出来后,在蜂箱和巢管附近活动,傍晚放蜂有利于壁蜂对于蜂巢的熟悉。释放壁蜂后,蜂箱位置千万不能移动。对于释放后 5~7 天不能破茧的壁蜂,可以采用人工破茧的方法协助成蜂出茧,提高壁蜂利用率。

(4)利用壁蜂为早春果树授粉 在初花期和开花后期,由于花粉和花蜜较少,为防止壁蜂的流失,可在蜂箱周围空地处种植油菜、白菜、萝卜等花期较长的作物来补充蜜源,也利于种群繁殖。

(5)分批放蜂 壁蜂的寿命平均为 35 天,因此为开花期较长的作物授粉时,可以进行分批放蜂,这样可以使壁蜂充分为作物授粉,而且在开花期和盛花期根据花量的多少决定放蜂的数量,提高壁蜂的有效利用率。

（6）应用壁蜂为网室作物进行制种　由于空间的限制，放蜂初期或者花粉、花蜜量少时，壁蜂会有逃离网棚撞网的现象，因此要将网室的缝隙处理好，防止壁蜂飞出，也要防止天敌（如鸟类等）的进入。

（7）壁蜂在晴朗无大风的条件下，访花速度快，日工作时间长，授粉效率高　而大风和阴雨天气会影响壁蜂的活动。在风速超过4级以上的天气和阴雨天，壁蜂出巢访花的数量会减少；如果遇到长时间的阴雨天气，还会导致成蜂的死亡。需用塑料布等对壁蜂蜂箱和巢管进行防潮处理，以减少成蜂的死亡率。

（8）壁蜂病害、天敌等的防治　在壁蜂繁殖过程中，由霉菌引起的病害会导致壁蜂种群数量的减少。防治主要是药剂防治和物理防治。物理防治就是在利用木制蜂巢前，对其进行干热灭菌或在太阳下暴晒，能有效地预防霉菌的产生。药剂防治是利用甲醛及硫黄熏蒸。

（9）做好巢管的回收与冬贮工作　收回巢管的最佳时间是果树全部谢花后20天。收回巢管过早，壁蜂后期营巢的花粉团水分尚未蒸发，回收时易使花粉团变形，将壁蜂卵粒或初孵幼虫埋入其中，使卵粒不能孵化，初孵幼虫窒息死亡；收回过晚，蚂蚁、寄生蜂等壁蜂的天敌害虫会进入未封的巢管内取食花粉团和壁蜂卵，一旦这些天敌害虫随巢管带入室内，会长时间地危害壁蜂的卵、幼虫、蛹和成虫。在收回巢管及运输的过程中，一是注意巢管要轻收轻放，避免强烈震动，禁用机动车运输；二是注意在捆装、运输及室内贮存等过程中，巢管要平放，不得任意将巢管直立存放，以防花粉团变形，影响壁蜂正常生长发育，甚至导致死亡。冬贮过程中，蜂的代谢率很低，需要的氧气不多，但为了不致于闷死，在整个冬贮期中可以打开容器换气2~3次，同时检查有无发霉的现象。

第四节　切叶蜂

切叶蜂是指蜜蜂总科切叶蜂科切叶蜂属的昆虫，单独生活，常在枯树或房梁上蛀孔营巢，将植物的叶片切为椭圆形片状，放在巢内，隔成10~12个巢室，贮存花粉和花蜜的糊状混合物供幼虫食用。

我国切叶蜂资源丰富，1987年匡邦郁在云南野外采样获得12种切叶蜂，筛选本土适应性强、授粉效率高、繁殖速度快、易于饲养优良蜂种为苜蓿授粉。1993年，徐环李等对内蒙古传粉蜂及其传粉行为进行了研究，收集到21种切叶蜂。

切叶蜂的种类较多，其分布广、数量多，切叶蜂不像蜜蜂那样成群居住，营社会性生活，但要求与同类住得很近，喜欢在人类提供的筑巢材料中生活，因而它是少数几种能够大量家养的昆虫之一。

一、苜蓿切叶蜂

在北美90%以上的苜蓿制种田都人工释放苜蓿切叶蜂授粉，放蜂是苜蓿制种的必需技术措施。20世纪40年代以后，随着有机农药的发明和大量使用，自然界的野生传粉昆虫种群数量急剧降低，导致苜蓿等牧草制种田产量大幅度下降，授粉问题引起关注。从50年代开始，苜蓿切叶蜂的授粉价值被发现和引起注意。美国从60年代开始对其生物学特性、保护利用技术、人工繁殖技术及应用技术进行了一系列研究。60年代中期加拿大引入苜蓿切叶蜂后，在繁蜂技术、设备及应用技术等方面进行了一系列深入研究和重大改进。目前加拿大在蜂的研究和应用方面处于世界领先地位，提供苜蓿制种田的授粉服务、养蜂和繁蜂设备的制造在加拿大是一个非常完整的产业，提供授粉服务的收费是授粉面积上种子产量的30%~50%，除本国使用外，在过去几年内加拿大每年出口15亿~35亿头蜂。

我国最早引入苜蓿切叶蜂始于20世纪80年代后期，1988年中国农业大学通过加–中农业合作协议从加拿大引进了1万头蜂茧，1989—1991年首次在北京和吉林省白城苜蓿制种田进行了授粉效果和人工繁蜂技术研究。到目前为止，吉林省农科院是目前国内唯一拥有大量种蜂和具备人工大量繁蜂设施和技术的单位，繁蜂技术和设备达到国际先进水平。苜蓿切叶蜂采用进口绿黑巢板，选择东南方向放置，适宜于苜蓿切叶蜂筑巢和田间回收。

二、其他切叶蜂

授粉效果较好的品种还有淡翅切叶蜂（*Megachile remota* Smith）、北方切叶蜂（*Megachile manchuriana* Yasumatsu）等。

切叶蜂营独栖生活，每年繁殖 1~2 代。寡食性或多食性，采访苜蓿、草木樨、白三叶草、红三叶草等多种豆科牧草，也常见采访薄荷、益母草、野坝子、香茶菜等唇形科植物。雌蜂的成虫期为 2 个月左右，在填充有花粉和花蜜（蜂粮）的巢室里产卵。卵经过 2~3 天孵化成幼虫，幼虫乳白色，无足，体表多皱，幼虫取食巢室内的蜂粮，幼虫期 2 周。幼虫老熟时化蛹，蛹皮薄而透明；蛹初期为白色，后逐渐加深，变为灰黑色，蛹被苜蓿叶包裹，又称蜂茧。苜蓿切叶蜂以蜂茧的方式越冬，第 2 年春季或夏季在适宜的条件下羽化为成虫。

采集中的切叶蜂（邵有全　摄）

切叶蜂分雄蜂和雌蜂 2 种，雄蜂主要是和雌蜂交配，没有采集授粉能力。雌蜂有产卵繁殖后代的能力，也是主要的授粉者。雄蜂早于雌蜂 5 天羽化，雌蜂从茧中羽化出来就可与比它先羽化的雄蜂交配，尽管雄蜂可交配多次，但雌蜂只交配一次。雌蜂有一个螫针，但很少用它，螫人时只会引起一点儿疼痛，这就为人工饲养带来了方便。交配后的雌蜂适当取食花粉和花蜜后，就到蜂箱中寻找合适的巢孔，开始切叶筑巢活动。先用上颚在苜蓿或三叶草等植物下部比较衰老而柔软的叶片或花瓣上切取长圆形小片带回蜂箱，从巢孔底部开始做成筒状的巢室。然后采集花粉与花蜜，混合成花粉团（称为"蜂粮"）填于室内。当花粉团装满巢室的 2/3 时，采集少量花蜜放于其中并产 1 枚卵，最后切取 2~3 块圆形叶片封住巢室，以同样的方式和步骤做第 2 个、第 3 个巢室，各室头尾相接，1 个 100 毫米长的巢孔最多可做 10~11 个巢室。最后在巢孔的入口处填一厚叠圆形叶片封住巢孔，防止天敌及恶劣环境的侵袭。1 只雌蜂有

切叶蜂巢管（邵有全 摄）

做 30~40 个巢室的能力，但在田间条件下，一般只做 12~16 个巢室。一只雌蜂在其生活周期内可以生存两个月并能产 30~40 粒卵。从巢房中孵化出的成蜂有 2/3 是雄蜂。卵在 2~3 天孵化，并且幼虫是在巢房中吃食物，继续发育，在产卵后 23~25 天羽化为成虫。

三、授粉切叶蜂访花特性

切叶蜂喜欢阳光充足、温暖、少雨而有灌溉条件的地区。在这种环境中，切叶蜂的飞行、授粉时间长，对于授粉和切叶蜂的繁殖都极为有利。而低温或高温、多雨对其不利，狂风暴雨会造成灾害。

温度和光照强度影响雌蜂一天飞行时间的早晚与长短，早晨气温升高到 21℃以上，阳光充足时雌蜂才能出巢活动，开始一天的工作。雌蜂每次往返飞行采访花朵的数量和单位时间采访花朵的数量都受天气条件、农业状况和苜蓿品种的影响。据观察，在低温、多云和植物花较稀的情况下，1 分钟采访 5 朵花，而在高温、晴朗和植物花稠密的条件下，1 分钟可采访 25 朵花。

雌蜂采访速度快，雌蜂落在苜蓿花的龙骨瓣上，前足抱握花茎部，中足和后足站在翼瓣端，头部伸入旗瓣基部，在喙伸入花管吸取花蜜的同时，压开龙骨瓣，使苜蓿的雄蕊和雌蕊释放出来，并轻轻地打在蜂的头部及胸部下面，花粉飞溅出来，雌蜂用前足和中足刷下头部及胸部体毛上的花粉，并由前足传到中足，再到后足，最后送到花粉刷上。在采集下一朵花的花蜜的同时，前一朵花的花粉就落到后一朵花上，完成了授粉的过程。

四、苜蓿切叶蜂授粉技术应用管理

（1）蜂箱　在使用前必须对蜂箱进行清洁、消毒，严密组装，加拿大的切叶蜂蜂箱箱面常漆成黑色或白色，然后用蓝色或黄色等彩色油漆画出一些图形以增强对蜂的吸引力和蜂对巢孔的识别能力。

（2）防护架　防护架能保护蜂箱和筑巢蜂免受恶劣天气袭击，使采集蜂容易看见并迅速返回蜂箱，其大小应考虑搬运是否方便、冬储空间的大小和授粉区域范围等。目前，推广的防护架大约是宽×深×高＝2.4米×1.2米×1.8米，放6个蜂箱。防护架的设计与选材必须考虑其遮光、隔热、防雨和防风等性能。防护架的背面和两侧要漆出黑白相间的纵向条纹，顶上漆成黑色，以增强蜂的识别能力。在田间安放时，1.2公顷放置1个架子，面向正东。一般雌蜂为苜蓿授粉向东飞行的距离是向西的2倍，因此架子要放在靠西边的位置，要安装牢固，防止因大风或人为原因而翻倒。

苜蓿授粉试验棚（邵有全　摄）

（3）放蜂时间　放蜂与花期同步，苜蓿初花期开始放蜂，于无花授粉或种子收获前结束，使蜂的羽化与开花同步技术比控制作物开花的技术更容易，因而设计和使用适宜的孵蜂器十分必要。经过冬季冷藏的蜂茧发育整齐，可以准确地预测出羽化期，在温度为28~30℃、湿度为60%~70%的孵蜂器中孵育19~20天，雄蜂开始羽化，第21~22天雌蜂开始羽化，雌蜂羽化即可放蜂。因此，可根据天气预报预测苜蓿的开花期，在开花前21天开始孵蜂。在孵蜂期间，如果预报有低温或高温日期出现，苜蓿开花期将要延迟或提前几天，应适时降低或提高孵蜂温度，使蜂延迟或提前羽化。在25~32℃范围内蜂的发育速率随温度的升高而增加，发育起点为16℃，雌蜂开始羽化的有效积温为295日度。

（4）授粉期管理　开花初期，切叶蜂专用蜂巢和蜂茧放入田间，蜂巢面向东南方向，每亩放蜂 2 000~3 000 只，如果在比较温暖、自然授粉昆虫较多的地区，每亩放 1 500 只左右。除在田间设置水源外，周围还应种植一些蔷薇科的植物，如玫瑰、月季等，因为植物叶片有利于切叶蜂繁殖。同时注意：① 在放蜂前 1~2 周使用杀虫剂控制苜蓿害虫，花期勿使用各种杀虫药物；② 初花期释放大量授粉蜂，达到快速授粉的目的；③ 必要时可在盛花后期，在夜间使用有效杀虫剂控制盲蝽、蚜虫等危害；④ 在切叶蜂授粉繁殖期间，防止其他寄生蜂侵入切叶蜂巢管，最好在寄生蜂少的地方进行苜蓿繁种放蜂；⑤ 授粉适宜温度范围为 20~30℃。

（5）收蜂、脱茧和冬储 吉林、黑龙江省 8 月中下旬，将蜂箱从田间收回，温室下存放 2~3 周，让未成熟的幼虫达到吐丝结茧的预蛹阶段，然后取出蜂巢板，细心打开，用适合在凹槽中滑动的竹片或木片将蜂茧取出（大规模生产是用特制的脱茧机），去除其中的碎叶、虫尸体等杂物后，在阴凉处干燥、测产，最后用塑料袋（或塑料桶）等容器分装，密封储存于 5℃ 的冷藏室中过冬，直到第 2 年需要时再取出。在北京及山东等地，未进行苜蓿授粉的蜂于 6 月下旬收蜂，由于该蜂是多性品系，这一代蜂绝大部分不进入滞育而要继续发育羽化，因此收蜂后必须及时脱茧并运到吉林、黑龙江等凉爽的地区释放，8 月中下旬第 2 次收蜂，进行一年 2 次苜蓿异地授粉。装蜂容器的相对湿度要保持在 40%~50% 范围内，防止蜂茧包叶发霉，冬储期间可打开容器 2~3 次进行检查和换气。如果发现蜂茧发霉，应立即倒出，阴干后继续密封储存，适度低温储存可抑制预蛹的发育和天敌昆虫的活动，防止其中的寄生和捕食生物在冬储期间对蜂茧造成伤害。

（6）病虫害防治 切叶蜂蜂箱内储存的花粉、花蜜和发育中的幼虫是许多寄生和捕食性昆虫喜爱的食物，大量集中的丰富食物源会将许多本来不是切叶蜂天敌的昆虫吸引到蜂箱中来，它们与切叶蜂的幼虫争夺食物，捕食与寄生切叶蜂或咬食筑巢材料等。在国外已发现许多种病虫害，就一个地区而言，重要的病虫害也有许多种，如不加以防范会造成很大损失。

第五章

农业中需传粉植物及实例应用

蜜蜂授粉对提高农作物产量、改善果实品质有显著的作用。各地开展了不同蜂种在不同环境、不同条件、不同季节、对不同作物的授粉机理及效果实验，提出了一系列蜜蜂授粉的配套关键技术和操作规范。

第一节　木本水果

一、苹果

苹果是我国北方的主栽果树。大多数的苹果品种只有接受不同品种的花粉才能结实。苹果有 5 个雌蕊，每个雌蕊有 2 个胚珠。每个苹果内有 8 粒以上的种子，果实生长平衡，不会产生歪果。近些年由于果树面积发展快，全国大部分地区自然授粉昆虫较少，满足不了苹果授粉，因此，在果树上推广授粉的意义重大。目前用于苹果授粉的昆虫主要为蜜蜂和壁蜂两种。

苹果结果状（邵有全　摄）

1. 壁蜂为苹果授粉

阿克苏地区林科所蒋琴于 2001 年春季利用角额壁蜂对 10 年生苹果园进行授粉。一头蜂每天可访 500~6 000 朵花，树体上、下、里、外能均匀授粉，授粉效果较好。苹果树经壁蜂授粉后，富士苹果坐果率由 12.3% 提高到 19.1%，一级果由自然授粉的 30.2% 提高到 78.6%，且种子发育饱满，果形正，着色好，果个大。

河北省辛集市林业局王荣敏于 2003 年和 2004 年花期利用壁蜂授粉可显著提高红富士苹果坐果率。壁蜂窝设置在南北行间，南北向授粉有效范围 50 米，最佳范围为 30 米内，以 10 米内效果最好。壁蜂授粉效果优于自然授粉和人工授粉（点授），完全可代替人工授粉。放蜂时间以开花前 2~3 天为好。

云南省昭通市植保植检站龚声信 2008 年研究表明凹唇壁蜂在高海拔、低纬度的苹果种植区能正常发育与繁殖，田间羽化率可达 88.8%，雌雄比 1：3，雌蜂繁殖率 1：5.36，蜂管可单用芦苇本色，不需染色处理，长 15 厘米的蜂管能满足凹唇壁蜂繁殖要求。放蜂时间可确定在 3 月 10 日至 4 月中下旬。壁蜂授粉区的坐果率、果形周正率、果形指数分别达到了 79.9%、73.44%、0.84，分别比对照区增加 31.32%、44.11%、0.05，苹果外观质量得到了明显改善。

甘肃省赵向东 2006—2008 年在"天汪一号"（"花牛"苹果）上进行释放壁蜂授粉试验。花朵坐果率可提高 6.6%~7.7%，平均提高 7.2%，平均单果重增加 12.6%~13.1%，平均增加 12.9%，增产幅度 11.2%~11.6%，平均增产 11.4%。放蜂区果形指数增加 6.6%~7.7%，平均增加 7.2%；果实端正率提高 3.5%~4.3%，平均提高 3.9%；果实种子数为 6.9 粒，平均增加 42.7%，每个果实种子平均增加 2.1 粒。

唐山市古冶区农林畜牧水产局张翠婷 2012 年在苹果花前分期释放壁蜂，壁蜂投放后 5~7 天基本出齐，以花前 7 天释放壁蜂为宜；控制农药使用、减少人为干扰、提前种植蜜源植物、园周边设置空巢可大大提高壁蜂的回收率；壁蜂授粉的苹果坐果率达到 73.6%，与人工授粉相当。

陕西省旬邑县园艺站周海龙 2013 年研究壁蜂授粉，壁蜂平均访花一次需 5.75 秒，访花一次授粉率达 40%，耐低温，11℃时开始出巢，13℃时开始工作，工作时间长，平均工作时间为 9.95 小时 / 天，

60 米以内的距离授粉率 83% 以上，花朵平均授粉率比对照果园高出
35 个百分点，壁蜂授粉对单果重的影响不大，但由于壁蜂授粉使得
坐果率提高促使挂果数增加，平均增加单株挂果数 24 个，从而增加
了果园产量，平均亩增产约 467.5 千克。

山东省果树研究所王贵
平 2013 年以不同苹果产区的
苹果树为试验材料，采用田间
试验的方法对不同苹果产区壁
蜂授粉生物学特性及授粉效应
进行研究。壁蜂始飞温度低
(10~11℃)，日工作时间长 (10
小时)，日访花数量多（4 200

苹果园壁蜂巢箱（武文卿 摄）

朵），授粉能力强，访花 1 次授粉率高达 40%。壁蜂授粉的有效距离
为 60 米；壁蜂授粉有方位选择性，西边和南边向阳果树坐果率明显
大于北边和东边；壁蜂授粉的果个、单果重比对照都有所增加，壁
蜂授粉增加了果园产量，平均增产 7012.5 千克 / 公顷。

甘肃省永靖县农业技术推广中心何正奎 2016 年以甘肃中部地区
14 年生"长富 2 号"苹果树为试材，角额壁蜂花期授粉。距蜂巢 < 45
米半径的区域内，苹果坐果率、果形指数、单果质量及亩产量均显
著高于距蜂巢 > 45 米的 2 个处理及对照的相应指标。确定出甘肃中
部地区，密度为 3 米 × 4 米的"长富 2 号"成龄苹果园，角额壁蜂
最佳授粉有效范围主要集中在半径 45 米的区域内。

陕西省咸阳市园艺站孙芳娟 2018 年研究表明，壁蜂授粉的果园
平均单株花序坐果率为 90.3%，比对照高出 7 个百分点。壁蜂授粉
的果园花朵坐果率为 47.5%，比对照高出 13.7 个百分点。壁蜂授粉
平均单株增加挂果数 11 个，从而增加了果园产量，平均亩增产 189
千克。壁蜂授粉园偏斜果仅占 3.1%，明显低于对照园 6.2% 偏斜果率。

2. 蜜蜂为苹果授粉

蜜蜂采集苹果花的规律是：6:00 以前和 18:00 以后几乎不活动，
6:00—7:00 有少数活动，7:00 以后迅速增多，一天内最多的时间是

7:00—11:00，占全天活动的 53.35%，15:00 以后逐渐减少，18:00 后基本不出巢。

山西省农科院园艺研究所郭媛 2010 年利用蜜蜂为苹果授粉，红富士苹果采用蜜蜂授粉技术坐果率达到 23.9%，自然授粉组坐果率为 9.2%，新红星苹果采用蜜蜂授粉技术后坐果率达到 34.8%，自然授粉坐果率仅有 8.5%；随着蜜蜂授粉次数的增加，坐果率也明显提高，蜜蜂授粉后，明显提高了幼果的生长速度。利用蜜蜂为红富士苹果授粉平均单株结果 69.8 千克，比自然授粉结果 31.88 千克增产 1.19 倍；新红星苹果蜜蜂授粉的平均单株产量是 87.5 千克，比自然授粉的单株产量 34.13 千克增产 1.56 倍。蜜蜂授粉的果实口感要显著地好于自然授粉组。

蜜蜂访问苹果花朵（郭媛 摄）　　访苹果花携粉蜜蜂（邵有全 摄）

新红星苹果蜜蜂授粉与自然授粉果实
（邵有全 摄）　　红富士苹果蜜蜂授粉果实
（邵有全 摄）

山西省农业科学院园艺研究所申晋山 2011 年进行了蜂场规模对

苹果授粉效果的研究。苹果树若为大年时，20 群蜂的最佳授粉半径为 150 米，50 群蜂的最佳授粉半径为 200 米；苹果树若为小年时，20 群蜂与 50 群蜂的最佳授粉半径较大年时都相对扩大，在实际放蜂为苹果授粉时宜选用 20 群蜂。

蜜蜂授粉苹果丰收（邵有全 摄）

山西省农科院园艺研究所张云毅 2015 年以红富士苹果为试材，采用蜜蜂授粉技术，对同品种异树异花授粉（yy）、同树异花授粉（ty）和不同品种（pz）苹果花粉管生长和果实性状进行比较。红富士苹果自交结实率低，采用蜜蜂授粉，可以提高红富士的产量和品质，达到生产需要，表明红富士苹果对昆虫的依赖程度较高；在有授粉树的情况下，蜜蜂授粉效果更好。

山西省农科院园艺研究所申晋山 2016 年研究苹果花期利用蜜蜂授粉时最合理的蜂群摆放方式，以红富士苹果为试材，坐果率均是分散摆放高于集中摆放；利用 50 群蜜蜂为苹果授粉，从 0~300 米处，授粉树配比 1∶4 与 1∶10 处理

雪中的苹果授粉蜂场（邵有全 摄）

均为随着距离的增加,坐果率逐步降低。在苹果花期采用蜜蜂授粉时,分散摆放效果明显优于集中摆放,授粉树配比充足时可适当减少蜜蜂群数。

苹果园放置授粉蜂箱(邵有全 摄)

山西省农业科学院园艺研究所李立新 2018 年研究了授粉树配比为 1∶20 的情况下红富士蜜蜂授粉的需蜂量,采用每株苹果树 6 只、12 只、18 只蜜蜂 3 个处理,统计分析了坐果率、偏斜果率、果形指数、心室数、种子数与种子饱满度。在极端授粉树花量配置下,通过增加传粉者蜜蜂的数量,可以提高苹果的品质,减少偏斜果率,每株苹果树至少需要 12 只以上蜜蜂。

中国农业科学院植物保护研究所何伟志 2009 年将壁蜂、蜜蜂和人工三种授粉方法互相配合,壁蜂、蜜蜂与人工授粉的座果率均比自然授粉有显著提高,壁蜂授粉效果好于蜜蜂和人工授粉,壁蜂的花朵坐果率达到 47.8%,花序坐果率达到 86.2%。壁蜂与蜜蜂协调应用,花朵坐果率为 61.9%,花序坐果率为 99.6%,显著增加了坐果率。在对壁蜂的不同回收方式研究中,发现砖巢的回收率高于纸箱巢的回收率,证明了壁蜂授粉与蜜蜂授粉有互相补偿作用,几种授粉方法协调使用,可减少工作量和资金投入。

二、梨

梨是我国主要栽培果树之一,在南北方均有种植。梨树属于典型的异花虫媒植物,生产中需要昆虫传粉来受精,农民及科技人员采用人工授粉、液体喷花等方式进行授粉,但这些方式操作繁杂、需要人力多,授粉成本逐年上升,已成为梨农生产中的一项主要开支,因此让梨树授粉回归自然昆虫传粉已成为梨农迫切需求。目前梨园采用的昆虫授粉方式为壁蜂授粉和蜜蜂授粉。

人工授粉摘花　　梨树花期运送人工前往授粉　　砀山酥梨人工授粉
（邵有全 摄）　　　（邵有全 摄）　　　　　（邵有全 摄）

1. 壁蜂为梨树授粉

吉林农业工程职业技术学院王鹏于 2009 年在吉林省珲春市苹果梨园上研究表明,角额壁蜂与凹唇壁蜂均能在苹果梨园上进行正常的交尾、寻巢定居与采粉筑巢等活动,但凹唇壁蜂的日工作（采粉）时间较长,日访花频率较高,日访花数量多得多,在苹果梨园上的访花能力总体上优于角额壁蜂。

山东省果树研究所魏树伟 2012 年以砀山酥梨为对象,采用人工授粉加壁蜂辅助授粉花序平均坐果率 38.08%,花朵平均坐果率 9.70%；壁蜂授粉花序平均坐果率 28.79%,花朵平均坐果率 8.98%。壁蜂授粉的花序坐果率和花朵坐果率均表现从树冠上层到下层逐渐增高的趋势。人工授粉加壁蜂辅助授粉的花序坐果率和花朵坐果率均表现上层和下层高而中间低的趋势。

南京农业大学李青松 2013 年指出壁蜂授粉能够有效改善砀山酥梨的果形,提高风味品质。1 000 只壁蜂授粉/亩处理的果实可滴定酸含量低于人工授粉处理。果实的单果重、果实横纵径值、果实硬度、可溶性固形物和可溶性糖含量高于自然处理。果肉石细胞含量明显高于自然授粉。壁蜂授粉能够提高砀山酥梨的果实品质,尤其是 1 000 只壁蜂授粉/亩处理,与人工授粉处理没有差异。

2. 蜜蜂为梨树授粉

新疆库尔勒市英下路巴州种蜂场李海军 2009 年指出香梨属于异花授粉的果树，经过科研人员和养蜂人员的努力，香梨的授粉由自然授粉、人工授粉实现了现在的蜜蜂授粉。蜜蜂给香梨授粉既省工、省时，又使香梨增产提高品质。经蜜蜂授粉香梨，产量能提高 30%~50%，香梨的优等品率提高 30% 以上。

访问苹果梨的携粉蜂（郭媛 摄）

山西省农科院园艺研究所郭媛 2013 年研究表明"砀山酥梨"在开花后第 4~5 天柱头活性最强，最适合授粉受精；每天中午 11:00—15:00 柱头黏液分泌旺盛，是最佳授粉时间，

梨树蜜蜂授粉试验点（郭媛 摄）

这一时间也是蜜蜂活动最积极的时间；花粉萌发及花粉管生长最有利的温度为 22~25℃，蜜蜂采集最适温区为 20~25℃；梨树花器官活性最强、生长最佳的时间和温度与蜜蜂的最适活动时间和温度完全一致。

南京农业大学李青松 2013 年研究了蜜蜂访花行为与梨花的形态特征的关系。在南京江浦实验园得出砀山酥梨、雪青、鸭梨 3 个品种，蜜蜂访花次数最多；其次是桂花梨、鄂梨、柠檬黄、新雅、雪芳、雅清、安农一号；再次是六月爽、今村秋、玉水、绿云等。蜜蜂访花次数最少的品种是新高。蜜蜂访花次数与梨花直径大小成正相关，与花蜜含量多少成正相关。

福建农林大学蜂学学院王庭云 2013 年结果显示，采集梨花粉的蜜蜂约占所有采粉蜂的 81%；采集蜂每日出巢采集 10 次左右，每次采集时间持续约 21.6 分钟，每朵梨花一般采集时间持续约 4.5 秒，每次出巢可采集 180 朵梨花。理论上在天气晴好时，每公顷梨树配置 3 群 3 框左右的蜜蜂即可满足授粉的需要，实际应用时因蜜蜂的活动受温度和天气的影响较大，蜜蜂的配置应酌情增加。

吉林省养蜂科学研究所李志勇 2014 年从出巢时间、抗寒性和携粉回巢时间等采集行为指标衡量，蜜胶 1 号、白山 6 号和组合 2 号蜜蜂对梨树花粉的采集具有很好的优势，更适合用于为苹果梨传花授粉。

梨花分泌花蜜（邵有全 摄）

收集到的梨花粉（郭媛 摄）

吉林苹果梨蜜蜂授粉（邵有全 摄）

运城砀山酥梨蜜蜂授粉蜂种筛选
（郭媛 摄）

山西省农科院园艺研究所郭媛 2015 年考察蜂群入场时间对蜜蜂采集梨花粉的影响。梨树末花期散粉量大，蜜蜂采集的花粉最多；认为蜂群在梨树初花期即开花 20% 左右入场，可以达到梨树最佳授粉效果。

山西省晋中种蜂场郭成俊 2016 年在酥梨花期，采用喷洒蜂为媒、悬挂 Polynate 和 SuperBoost 这 3 种蜜蜂引诱剂，增加蜜蜂访花，调查访花蜜蜂数量、访花时间和频率。蜜蜂访花高峰时间是 9:30—11:30，14:30—16:30；蜂为媒和 Polynate 处理组的访花蜜蜂数量高于对照组，而 SuperBoost 处理组访花蜜蜂数量低于对照组，在梨树上喷洒蜂为媒、悬挂 Polynate 和 SuperBoost 可以增加访花蜜蜂数量和有效飞行时间，提高蜜蜂访花频率。

蜜蜂为梨树授粉后结果状（邵有全 摄）　梨园种植竞争花油菜（邵有全 摄）

　　中国农业科学院蜜蜂研究所传粉蜂生物学与授粉应用团队 2018 年首次分析了我国酥梨花蜜的蔗糖、果糖和葡萄糖含量，并探明中华蜜蜂和意大利蜜蜂采集梨树的活动规律，获得两种蜜蜂采集偏好差异。在梨树授粉方面，中华蜜蜂和意大利蜜蜂具有不同采集行为，土生土长的中蜂更适合于为梨树授粉。研究还探明中蜂和意蜂为梨树授粉的采集活动和行为差异。当利用中蜂为梨树授粉时，由于其采集偏好性弱，花开放数量达到 5% 以上，蜂群即可入场；当利用意蜂为梨树授粉时，由于其采集偏好性强，建议花开放数量达到 30% 以上，蜂群才入场。

人工制作授粉用梨花粉（郭媛 摄）

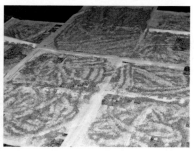

梨人工授粉工具（郭媛　摄）　　　人工制粉晾粉过程（邵有全　摄）

三、柑橘

柑橘是指柑、橘、橙、柚等芸香科的栽培果树的统称，同时也是优良的蜜源植物。柑橘生产是重庆等地区的农村支柱产业，在农村经济结构中占有举足轻重的地位。柑橘为多年木本，是单性结实。

锦橙是我国柑橘优良品种之一，也是出口的主要品种。在生产上锦橙开花多，坐果率低，不能高产，是授粉不足所致。重庆市畜牧科学院王瑞生2009年选用8~10年长势一致的蓬安"100"号锦橙为试材，蜜蜂授粉对生理落果后的坐果率的影响不显著，但显著增加了谢花后的果实坐果率及成熟时的坐果率。与对照组比较，经蜜蜂授粉后的果实坐果率明显提高，提高幅度约为155%（$P=0.016$）；果实总产量明显提高，提高幅度约为59.7%（$P<0.001$）；一级果品产量明显提高，提高幅度约为29.9%（$P=0.035$）；果实种子数明显提高，提高幅度约为140%（$P=0.018$）；果汁维生素C含量明显上升，提高约22.5%（$P=0.03$），果形指数明显下降，约降5.40%（$P<0.001$）；果心明显减小，降低了约14.0%（$P=0.01$）。

四、桃

油桃是一种蔷薇科果树，是桃的一个变异品种。油桃是蔷薇科、樱桃属植物，落叶小乔木，异花授粉。油桃主要通过昆虫授粉或人工授粉完成其传粉受精。目前设施桃采用的昆虫授粉方式为壁蜂授粉、熊蜂授粉和蜜蜂授粉。

1.壁蜂为设施桃授粉

延边大学尹英敏2005年研究表明，温室内壁蜂破茧出巢始期和高峰期比露地推迟，整个破茧出巢期延长。保护地油桃利用壁蜂授粉放蜂时间应在桃树开花前为宜。角额壁蜂一年一代，能为当地温室油桃授粉并且能够在温室内定居，能够正常繁育后代。日光温室内温度达到14~15℃成蜂开始出巢采粉和营巢，24~26℃活动频繁。温室油桃利用角额壁蜂授粉的花朵坐果率比人工授粉花朵座果率提高2.2%~4.71%，壁蜂授粉可以替代人工授粉。角额壁蜂在温室内的繁殖比为0.75~1.95，这与温室的环境调控技术有关。如果在保证室内适宜温度的前提下，适当早揭晚盖保温覆盖物，并在室内栽植萝卜、白菜等早春开花植物，可延长壁蜂的活动时间。

杨凌职业技术学院马志峰2012年以角额壁蜂为试材，研究了壁蜂不同释放技术对日光温室油桃授粉效果的影响。人工剥茧放蜂技术可以保证所释放壁蜂的有效性，使日光温室油桃获得较高的坐果率；剪茧释放壁蜂技术也可以明显提高油桃的坐果率，采用壁蜂自然破茧放蜂技术对油桃坐果率提高不明显。

2.熊蜂为设施桃授粉

山东省日照市莒县农业局董淑华2004—2006年以设施栽培的桃和油桃为对象，进行熊蜂授粉试验。利用熊蜂传粉，桃和油桃的坐果率分别达95.7%和98.3%，畸形果率显著降低，单果重明显提高，亩产量分别达2 315.2千克和3 315.9千克，果实成熟期比蜜

熊蜂为设施桃树授粉（邵有全 摄）

蜂传粉提前3~4天。一群熊蜂可满足600平方米设施桃的授粉需要。

3.蜜蜂为桃树授粉

吉林省养蜂科学研究所历延芳2005年用蜜蜂为大棚桃树授粉，蜜蜂授粉比人工授粉增产41.5%~64.6%。大棚的自花授粉树落果率

较高，基本没有产量。蜜蜂授粉的桃子个头明显大于人工授粉的，且桃子的大小均匀，果实形状较好，蜜蜂授粉的桃子发育较快，果实成熟期比人工授粉早 6~8 天；桃子的畸形果率蜜蜂授粉为 5%，人工授粉为 15%，有蜂授粉比人工授粉畸形果率降低 10%，自花授粉树畸形果占 50% 以上，并有 90% 的落果。

蜜蜂为大田桃树授粉（邵有全　摄）

设施桃树栽培（邵有全　摄）

　　浙江省慈溪市畜牧中心罗建能 2005 年利用中华蜜蜂授粉，中华蜜蜂组的油桃坐果率比人工授粉组、自然授粉组分别提高 13% 和 30%，效益比人工授粉组和自然授粉组分别增加 25.4% 和 76.8%，中华蜜蜂组的果实大而饱满，商品性好。中华蜜蜂授粉的温室油桃成熟期平均提前 3~5 天。

携带桃花粉的采集蜂（邵有全　摄）

盛开桃花的雌雄蕊（邵有全　摄）

　　甘肃省蜂业技术推广总站逯彦果 2015 年研究表明，意蜂授粉方式优于中蜂授粉和人工授粉方式，中蜂授粉又优于人工授粉方式；

油桃授粉结束后，意蜂和中蜂的死亡率分别为 13.83% 和 52.61%，意蜂比中蜂的死亡率低 38.78%（$P < 0.01$），子脾面积分别为 2 350 厘米^2 和 733 厘米^2，意蜂比中蜂的子脾面积大 220.6%（$P<0.01$），意蜂的群势显著强于中蜂的群势。

五、樱桃

绝大多数樱桃自花结实率低或完全自花不实。目前樱桃采用的昆虫授粉方式为壁蜂授粉、熊蜂授粉和蜜蜂授粉。

1. 壁蜂为樱桃授粉

四川省阿坝州理县农业水务局陈武 2010 年总结了甜樱桃壁蜂授粉关键技术。蜂箱设置通常 1 亩的甜樱桃果园需要蜂箱 2~3 个，每间隔 30 米左右放 1 个蜂箱，蜂箱选择背风向阳、相对开阔的地方。蜂箱距地面的高度为 30~50 厘米，箱口应朝南，一般箱内放 6 捆巢管，管口向外，蜂箱的顶部与巢管间要留空隙，以便放蜂时放置蜂茧盒。蜂茧盒用无异味装青霉素的药盒或其他包装小纸盒，

设施栽培樱桃（郭媛 摄）

壁蜂采集樱桃花（刘玉玲 摄）

纸盒上打一些直径约 1 厘米左右的孔洞，便于破茧而出的壁蜂爬出。放壁蜂一般在甜樱桃开花前 3~5 天，通常是 3—4 月。放蜂时间随种植海拔高度升高而延缓，田间放蜂标准为甜樱桃花蕾刚绽放或大部分花成铃铛花时，放蜂应选在早上 7:00 左右，从冰箱中取出冷藏蜂茧，放入蜂茧盒内，每盒装 80~100 只，每亩放 200~300 只。已放蜂的巢箱不得随意搬迁，以免影响回收壁蜂。

2. 熊蜂为樱桃授粉

大樱桃花量大，花朵密集，山东省临朐县林业局孙中朴等人2004—2006年连续进行熊蜂授粉试验，熊蜂授粉的坐果率为2.5%。由于熊蜂体力强壮，前期花开得少，放的蜂多，早开的花花瓣雌蕊都让熊蜂蹬烂了，称为雌蕊"油烂"但并没有影响坐果。鉴于雌蕊"油烂"，建议初花期少放蜂，随着花量增加逐渐加大放蜂量。花期应该用纱网封住大棚放风口，以免熊蜂飞出后冻死。

3. 蜜蜂为樱桃授粉

内蒙古自治区赤峰市农业多种经营管理站王国全2015年研究表明，日光温室栽培大樱桃进行蜜蜂授粉坐果率为39%，明显高于人工授粉和喷植物生长调节剂。花期喷植物生长调节剂大樱桃落果现象比较严重，坐果率仅为5%。花期人工授粉大樱桃坐果率为26%，低于蜜蜂授粉，但明显高于喷植物生长调节剂处理。蜜蜂授粉与人工授粉对大樱桃果实大小的影响效果相似，单果重8.5克左右，畸形果率在10%下，折合亩产量分别为836千克、698千克；喷植物生长调节剂的大樱桃果实小，单果重仅为4.4克，畸形果率高达60%，折合亩产量为76千克。

采集樱桃花的蜜蜂（郭媛 摄）　　　　樱桃花外蜜腺（郭媛 摄）

陕西省植物保护工作总站王亚红2016年指出果园释放授粉蜜蜂。选择适宜甜樱桃授粉的中蜂或意蜂，于果树开花5%~10%时组织蜜蜂进场。每0.13公顷放置1箱，蜂群群势8足框以上，授粉蜂群以 20~50 箱为 1 组，巢门背风向阳，多箱呈 U 形排列，置于果园中间或地头。

六、枣

枣树是我国分布较广的栽培果树，也是我国具有代表性的民族果树。枣树花量大，落花落果现象严重，自然坐果率一般仅为 1% 左右。武晓波 2007 年对枣树落花落果的原因及防止措施进行了探讨和研究，结果表明，采用喷施植物生长调节剂（赤霉素、5- 氨基乙酰丙酸等）和枣园内放蜂的方法可以提高枣树坐果率。

枣蜜蜂授粉结果状（邵有全 摄）

山西省植物保护植物检疫总站张东霞 2017 年对大棚冬枣花期采取蜜蜂授粉与常规喷施赤霉素授粉后对冬枣结实率、果实品质、综合效益等影响进行比较研究，单纯依靠蜜蜂授粉果实畸形率为 2.7%，较常规激素授粉降低 12.6 个百分点，但亩产仅 836 千克，不能满足实际需要；释放蜜蜂与喷施 1 次赤霉素配合的授粉方式对

枣蜜蜂授粉蜂场（邵有全 摄）

应枣果畸形率较常规授粉降低 43% 以上，且可改善果实品质，综合效益最高。

蜜蜂采集枣花蜜（邵有全 摄）

设施枣树种植（邵有全 摄）

七、荔枝

荔枝在我国广东省栽培面积最大，其次福建、广西、台湾、海南、四川、云南等省均有分布。荔枝花为杂性，有雌花、雄花和两性花等，通常雄花先开，雌花后开，有花蜜分泌，但花粉不足。我国荔枝的种植区普遍存在花而不实的现象。

放满授粉蜂箱的荔枝园（邵有全 摄）

中国农业科学院蜜蜂研究所吴杰等2003年在福建漳州研究表明，有王群与无王群相比采花蜂数和朵数高出339.39%和480.75%；有王群为荔枝授粉坐果率比对照组提

荔枝授粉蜂场（邵有全 摄）

高816.67%，无王群比对照组提高705.56%；有王3足框、2足框和无王3足框授粉后荔枝产量分别比对照组增产4.17倍、3.79倍、3.13倍；有王3足框、2足框、无王3足框授粉后荔枝单果重与对照组相比提高6.63%、6.21%、5.61%；有王、无王和不同群势授粉对荔枝可食率、维生素C含量影响差异不显著。

泌蜜丰富的荔枝花　　　携带荔枝花粉的采集蜂　　　盛开中的荔枝花
（邵有全　摄）　　　　　（邵有全　摄）　　　　　（邵有全　摄）

八、猕猴桃

猕猴桃是雌雄异株，雌株上的花需要雄株的花粉授粉。猕猴桃花大，乳白色，直径3~5厘米，具有5个或6个花瓣，花期2~6个星期。不论雌花还是雄花泌蜜量都很低。蜜蜂采访猕猴桃，在9:00至11:00数量最多，午后逐渐减少，可持续活动到18:30半太阳落山。

蜂巢内的猕猴桃花粉（白色）（郭媛　摄）　　　猕猴桃雄花　（邵有全　摄）

浙江省江山市畜牧兽医局黄康2016年结果表明：网内中华蜜蜂授粉试验组坐果率比人工授粉组高33.00%；网外以意大利蜜蜂为主自然放蜂授粉试验组坐果率比人工授粉组高6.01%。网内试验组畸形果率比人工授粉组降低40.11%；网外试验组畸形果率比人工授粉组降低28.18%。蜜蜂授粉70克以上商品果比人工授粉的增产13.65%；蜜蜂授粉的80克以上优质商品果比人工授粉增产8.96%。

四川省江油市农业和畜牧局王小航2017年指出自然条件下，蜜蜂正常访花，猕猴桃吐粉最佳温度18~23℃，访花高峰期9:30—13:00，平均每天雌花访花约 900 次，雄花访花约 800 次。猕猴桃的果实果形饱满，平均单果重约 109 克，平均畸形率为 5.1%，比人工授粉畸形率低，果实口感均与人工授粉无异。

猕猴桃雌花（邵有全 摄）　　　　猕猴桃授粉蜂场（郭媛 摄）

辽宁省林业调查规划院孙艳蓉 2017 年以"桓优 1 号"为研究对象，采用 4 种不同授粉方式对其盛花期进行授粉，统计开花数和结果数，并计算坐果率。结果表明：点授法的坐果率达到 85.7%，比传统雌雄株配比 8∶1 的坐果率提高 14.9%；对花法、喷授法和蜜蜂授粉法的坐果率分别为 82.6%、80.1% 和 75.2%。结合生产实际，建议小面积种植时可以采用点授法或对花法进行授粉，大面积种植时最好采用喷授法或蜜蜂授粉法进行授粉来提高产量。

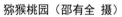

猕猴桃园（邵有全 摄）　　　　猕猴桃结果状（邵有全 摄）

猕猴桃授粉也可使用壁蜂，四川华胜农业股份有限公司李治 2015—2017 年 3 年试验基本确定四川省德阳地区猕猴园区使用壁蜂授粉的适宜密度应为每亩 1 箱、200~300 只 / 箱，坐果率可稳定在 86.6% 以上；壁蜂有效授粉距离为 0~15 米；授粉期间园区郁闭会影响授粉坐果率，最差的坐果率仅为 64.48%。壁蜂授粉猕猴桃果实内在品质（干物质、色彩角、硬度及可溶性固形物）和果型指数与人工辅助授粉的无显著差异；壁蜂在四川地区出巢温度为 15℃以上，归巢温度及日工作时长受天气影响较大，晴天平均日工作时间可达 11.33 小时，阴天平均日工作时间为 9.25 小时，阵雨平均日工作时间仅为 4.5 小时。壁蜂释放 10 天左右时开始产卵封闭巢管，时间持续到放蜂后的 38 天左右，封巢高峰期为放蜂后 20~29 天。

九、火龙果

火龙果（*Hylocereus undatus*）为仙人掌科（Cactaceae）量天尺属（*H.undatus*）植物。主要品种类型有红皮红肉型和红皮白肉型，是仙人掌科量天尺属二倍体植物，属典型的热带和亚热带多年生营养保健型水果。火龙果是典型的夜间开花植物，一般傍晚开花，凌晨开始逐渐凋萎，至阳光照射后完全凋谢，开花时常遇到雨季或大风或闷热无风等不良的环境条件，导致授粉受精不良，易造成坐果率低、果实生长发育缓慢、果实偏小等问题。

云南农业大学东方蜜蜂研究所戴雪香 2016 年通过对比发现，蜜蜂授粉与人工自花授粉对胚珠的发育有很大的影响，自花授粉的子房在授粉 5 天后出现胚珠发育不一致，而不授粉的开始变干枯，到授粉 9 天就凋落。不同的授粉方式对坐果率的影响较大，不授粉的处理组其坐果率为 0；自花授粉的坐果率为 51.11%；蜜蜂授粉和人工授粉的坐果率分别为 81.25%、97.62%，并且蜜蜂授粉、人工自花授粉果实体积增长速度大于同期自花授粉果实。

贵州省现代农业发展研究所林黎 2016 年经过对火龙果花冠人工套环和利用糖水溶液对中华蜜蜂进行人工诱导上花，可以显著提高中华蜜蜂对火龙果授粉的坐果率。利用群势最强的 2 群 6 脾蜂群，授粉成功率可达 80% 以上，但是授粉蜂群损耗近 50%，授粉成本最高。利用群势最弱的 1 群 2 脾蜂群，授粉成功率最低，但是授粉成本也最低。利用群势相对较强的 1 群 4 脾授粉蜂群，在获得 70% 左右坐果率的同时，又适当地降低了授粉蜂群损耗，获得最高的授粉效益。

十、芒果

芒果属漆树科芒果属水果，是世界五大热带水果之一，在我国南方几省大面积栽植，是典型的虫媒花植物。芒果的自然授粉主要依赖蝇类和蚂蚁，蜜蜂不喜欢在芒果花上采集的原因是芒果开花，但不流蜜，只有少量花粉；芒果开

芒果花序（邵有全 摄）

花后散发出一种漆酸味，蜜蜂不喜欢这种酸味；芒果花分泌有黏性的物质，影响蜜蜂采食。芒果的授粉效果不理想成为坐果率及产量低的主要原因。应用经过训练的蜜蜂来授粉，实现异株异花授粉后果实的品质大大优于蚂蚁授粉的。

山东省利津县发展计划局杨秀武 2003 年海南率先使用食料诱导对蜜蜂进行驯化，具体方式是：蔗糖、诱导剂和水按 50：1：49 比例配合，在每天下午 17:00 饲喂蜂群，第二天即可见到蜜蜂去芒果花采集花粉。经观察统计：每只蜜蜂

采集芒果花的蜜蜂（邵有全 摄）

每分钟访花 30~40 朵，每天工作 10 小时，而且采集专一，可以成为芒果花期授粉的优势昆虫。秋芒果和椰香芒两个品种经蜜蜂授粉后，花序坐果率分别是没有蜜蜂授粉的 418.6% 和 332.1%，可见，经蜜蜂授粉后，对芒果的坐果及增产效果显著。芒果开花 10% 后组织蜜蜂进场，一般每公顷芒果配置 7~8 群蜜蜂。

十一、巴旦木

巴旦木是典型的虫媒花授粉作物，具有异花授粉、自花不孕的

生理特征。花期必须靠昆虫作传粉媒介，实现完全的授粉、受精，以提高作物的产量和品质。我国是世界巴旦木种植大国，种植面积仅次于美国。

美国巴旦木蜜蜂授粉蜂场（邵有全 摄）　　巴旦木种植园（邵有全 摄）

　　新疆维吾尔自治区莎车县农业局朱红霞 2015 年按照巴旦木蜜蜂授粉技术规范要求，每公顷巴旦木放 3~5 箱蜜蜂进行授粉，必须满足蜂群采集力强、蜂王健壮，无白垩病、蜂螨和爬蜂等病症的强群才能保证巴旦木丰产园的授粉质量。

　　新疆维吾尔自治区蜂业技术管理总站马建军指出，2015 年莎车县巴旦木种植面积达到 6.67 万公顷，挂果面积超过 3.33 万公顷。通过授粉，2015 年莎车县巴旦木取得了大丰收，产量创历史新高，年产量超过 5 万吨，较 2014 年平均产量增加了 120 千克／公顷。通过授粉，巴旦木产品品质有了很大的提高。

十二、其他果树

　　沙李子是李子的一个地方品种，在我国云南省广泛种植。但因自花授粉坐果率低，产量也很低。为了提高坐果率和产量，匡邦郁等人对东方蜜蜂授粉进行了研究，结果表明，蜜蜂授粉花期为 10.2 天，而无蜜蜂授粉的花期为 12.7 天。蜜蜂授粉受精早，花落的早，花期缩短 2.5 天。蜜蜂授粉坐果率为 0.3%，而无蜜蜂授粉坐果率为 0.2%，实验组比对照组提高 50%。实验组单株产量为 8.8 千克，对照组单株产量为 6.5 千克。实验组比对照组单株产量增加了 2.3 千克，产量提高。

柿子采用蜜蜂授粉后坐果率达 7.31%，而自花授粉坐果率仅为 4.22%；蜜蜂授粉后采收的果实占幼果总数的 66.55%，而对照树仅占幼果总数的 12.35%；蜜蜂授粉的果实，加工成熟时果实呈橙色，果肉具有黑色条纹，味甜可口。

蜜蜂采集柿子花（邵有全 摄）

但自花授粉的果实呈黄绿色，果肉为浅黄色，味涩，未完全成熟时不堪食用。蜜蜂授粉后，产量提高 40%，果实成熟的早。蜜蜂在 13:00 时采花的最多。

石榴是石榴科落叶灌木或者小乔木，在我国南北方均有种植，属于异花授粉植物。同株异花和同品种授粉可以坐果，但坐果率不高；不同品种授粉坐果率较高。石榴树的大多数花是退化花，正常花只有 10% 左右，但在自然授粉状态下，

采集石榴花的蜜蜂（邵有全 摄）

坐果率很低，一般为 2%~5%；利用蜜蜂授粉可以提高产量数倍至数十倍，节省人工授粉，经济效益均十分可观。石榴花期长达 60 天左右，在天气正常时一般在上午 9:00—16:00，花朵大量泌蜜、吐粉。经测定，一株长势正常的普通石榴树可以分泌 38.25~54.57 毫克花蜜，正常情况下，可以采到商品蜜和花粉。

云南省农科院蚕桑蜜蜂研究所余玉生 2008 年利用蜜蜂为石榴花授粉可提高坐果率 10% 以上。云南农业大学东方蜜蜂研究所陶德双 2010 年以蒙自石榴和中华蜜蜂为试材，坐果率显著高于自花授粉的坐果率（第一批花为 11.49%，第二批花为 12.00%），两种授粉方式下果实中石榴籽粒含水量和含糖量差异均不显著。蜜蜂为石榴授粉可提高石榴的坐果率和果实重量。一般每 150~200 株或者 2~3 亩石

榴树有 2 群蜂即可满足授粉需要，蜜蜂也可以采到足够的蜜粉。

第二节　蔬菜及制种

一、茄子

茄子作为一个主要的蔬菜品种，市场需求量巨大。根据市场需求，反季节茄子种植规模也不断扩大，由于反季节蔬菜种植的局限性，造成温室茄子产量降低，品质下降，目前生产中主要用熊蜂为茄子授粉。

武汉市东西湖区农业科学研究所陈红 2016 年进行分析比较，熊蜂授粉技术对比激素点花产量增加 30.56%，单株产量提高 22.17%，单株坐果数增加 11.81%，而畸形果率下降 6.02%，增产增收 21453.0 元/公顷。

蜜蜂为茄子授粉（邵有全　摄）

二、甜椒

甜椒俗称灯笼椒、柿子椒、菜椒，是茄科辣椒属辣椒的一个变种，分布于中国大陆的南北各地。中国农业科学院蜜蜂研究所国占宝

2005 年对日光温室甜椒应用熊蜂授粉、蜜蜂授粉和空白对照进行了比较研究。熊蜂组和蜜蜂组比对照组单果重分别增加了 30.4% 和 13.7%，种子数分别增加了 79.9% 和 21.6%，心室数分别增加 29.6% 和 11.1%，产量分别增加 38.2% 和 22.6%。

熊蜂采集甜椒花（邵有全　摄）

在营养指标上，熊蜂组和蜜蜂组比对照组纤维素含量分别减少了50.0%和40.6%，硝酸盐含量分别降低了13.8%和13.1%，铁含量分别增加了175.8%和23.7%。

三、黄瓜

黄瓜为一年蔓生，雌雄同株异花，雄花簇生，雌花单生。黄瓜为虫媒作物，每朵花需蜜蜂授粉9次，而最佳授粉时间是9:00—11:00。近年来，培育了不少单性结实的品种，不经昆虫授粉也能结瓜。熊蜂、蜜蜂都可为黄瓜授粉。

1. 熊蜂为黄瓜授粉

北京市巨山农场绿色食品中心孙永深2003年通过对温室黄瓜应用熊蜂授粉和空白对照的比较研究，熊蜂组的坐果率增加了33.5%，产量提高了29.4%，果实把柄长度降低了20.2%；而果实大小和含糖量、维生素C含量、硝酸盐含量和亚硝酸含量，2组之间差异不大。

熊蜂为黄瓜授粉的温室（郭媛 摄）

不同品种熊蜂为黄瓜授粉（刘玉玲 摄）

2. 蜜蜂为黄瓜授粉

西北农林科技大学园艺学院孟焕文2004年研究了授粉对黄瓜果

实发育和品质的影响。结果表明：授粉可提高黄瓜坐果率 63.0%，加速果实发育，使商品率提高 68.7%，产量提高 127.6%，且有利于提高果实可溶性蛋白质含量、可溶性糖含量、维生素 C 含量和游离氨基酸含量。

云南高校蜜蜂资源可持续利用工程中心任晓晓 2016 年研究发现，与无蜂区相比，蜜蜂授粉区黄瓜坐果率和每株产量均有所增加，但差异不显著，而结籽率大幅增加，差异极显著，瓜条平均重量显著增加；从瓜条长度、直径看二者差异不大。

一只蜜蜂每次出巢采黄瓜 35~46 朵花，用时 6~8 分钟，每分钟采访 7~9 朵花。为 400 米^2 的大棚或温室黄瓜授粉，一般配备 6 000 只蜜蜂就可达到增产的目的。蜂群要奖励饲喂糖浆和蜂花粉，注意防潮。

3. 制种类黄瓜授粉

黄瓜为雌雄同株异花作物，制种黄瓜若没有昆虫授粉，就会影响种子产量。常规制种是人工摘取雄花涂抹雌花。操作时可能会因花粉涂抹不匀，受精不充分，而影响种子产量。

北京市农林科学院农业科技信息研究所王凤贺 2016 年指出在突破雌雄两系黄瓜制种技术的前提下，采用熊蜂辅助授粉技术，黄瓜制种成本每公顷可降低雇工成本 30 万余元，实现了投资少、收益高，提高了黄瓜制种单位的管理效率。

四、冬瓜

冬瓜是葫芦科冬瓜属中的栽培种，一年生攀缘草本植物。自然授粉坐果率低，质量也较差。因为冬瓜花有蜜，能够吸引蜜蜂积极地采集，利用蜜蜂为冬瓜授粉，大大提高冬瓜的产量。

江苏省如东县石甸职业高级中学薛承坤 2006 年报道，采用蜜蜂授粉技术，保证了冬瓜花期得到了蜜蜂的充分授粉。当年的统计成果率达到了 70%~80%，高产田亩产量达 5 000 千克以上，是原来的 3~4 倍，最大瓜重 30 千克。因产量迅速提高，瓜农获得了每亩 2 000 元以上的收入。因冬瓜花蜜多粉多，蜜蜂除为冬瓜花授粉外，还能

收到商品冬瓜花蜜 3~5 千克及花粉 2~3 千克。蜜蜂既度过夏季的淡花期，蜂农又减少了饲料投入，增强了群势，多收了蜂王浆。

五、西葫芦

西葫芦为一年蔓生，雌雄同株异花，花期 1 天，蜜粉充足，纯属虫媒作物，无昆虫或动物授粉，瓜自行退化，最佳授粉时间是上午 9:00—11:00，随着气温升高到下午 13:00 以后花凋谢。一般情况下蜜蜂采集 7~8 次即授粉充足，瓜生长正常。邵有全将蜜蜂授粉应用于西葫芦生产上，取得了显著成效。

制种西葫芦为雌雄异株。西葫芦花粉重，黏度大，是纯粹的昆虫授粉作物，在制种上一直采用人工授粉的方法。西葫芦花粉活性和雌蕊柱头最佳接受力时间很短，一般不超过 5 小时，如气温高时，12:00 以前失去授粉受精机会，最佳授粉时间是 8:00 至 9:30。

北京市农林科学院蔬菜研究中心姜立纲在 2012 年西葫芦亲本扩繁过程利用蜜蜂授粉，与人工辅助授粉相比，产量可提高 20% 以上，节省授粉费用 50% 以上。

六、白菜

大白菜是中国北方地区冬季的主要蔬菜。大白菜为自交不亲和系繁殖。利用蜜蜂或壁蜂为制种大白菜授粉不但省工省时，增强受精后子房的生理活性，确保制种的纯度和产量，而且还可大幅度提高菜籽产量。

1. 壁蜂为白菜授粉

青岛市城阳区农业局邵祝善 2005 年指出大白菜亲本繁殖，可利用壁蜂成虫在巢管外活动的 15~20 天时间放蜂传粉。壁蜂的雌雄比约为 1：1.4，以雌蜂进行传粉。当大白菜植株有 50% 开花时，从冰箱取出蜂蛹，分装在巢管中，每根巢管装入 1 个蜂蛹，然后将巢管放入巢箱中，1~2 天成蜂即可出茧授粉。数量按每棵植株需 2 个或 3 个成蜂、出茧率 80% 计算。

2. 熊蜂为白菜授粉

山东省潍坊市农业科学院蔬菜研究所韩太利2008—2010年采用熊蜂授粉大白菜单株平均产籽量为10~30克，而采用传统人工蕾期授粉方法的大白菜单株平均产籽量为1~10克。利用熊蜂授粉时，单株套有纱网罩隔离，杜绝了其他昆虫外来传粉，纯度达100%；而人工授粉每天需要操作很多单株，中间难免有酒精消毒不彻底或授粉工具串用等造成的人为串粉。

3. 蜜蜂为白菜授粉

西北农林科技大学园艺学院花卉所赵利民2001年利用蜜蜂授粉比人工授粉单株产量提高10.57%~58.91%，荚粒数提高3.14%~4.86%，种子千粒重提高2.32%~10.41%，种子发芽率提高0.82%~1.18%，亩种植区产种子量提高36.68%~43.98%。

河南省西峡县职专陈学刚2003年应用大白菜自交不亲和系配制一代杂交种，长势中等的大白菜地块1 334平方米，配置一箱强壮蜂群（每箱约8脾蜂）授粉，长势旺盛的大白菜制种地块亩配置一箱强壮蜂群授粉比较合理，可提高大白菜杂交制种产量70%以上。

河南省西峡县成人中专谢旭2004年亩制种田投放一箱蜜蜂授粉，产量最高为124.6千克，较对照区增产175.1%；1 334平方米制种田投放一箱蜜蜂授粉，平均亩产104.7千克，较对照区增产131.1%。

山西省农业科学院蔬菜研究所李改珍2016年利用蜜蜂为大白菜自交不亲和系材料授粉可以提高原种种子产量和质量。蜜蜂授粉与人工授粉相比，原种纯度和种子产量提高明显，授粉成本降低了40%以上。

七、甘蓝

甘蓝耐贮藏，产量高，很受市民欢迎。甘蓝属十字花科，是异花授粉作物，系虫媒花，必须借助于昆虫传粉受精。

1. 壁蜂为甘蓝授粉

杨凌职业技术学院马志峰2013年以角额壁蜂为试材，通过小区对比试验，分析了网室制种甘蓝应用角额壁蜂授粉对甘蓝制种产量

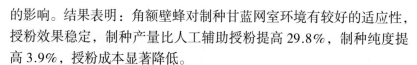

的影响。结果表明：角额壁蜂对制种甘蓝网室环境有较好的适应性，授粉效果稳定，制种产量比人工辅助授粉提高 29.8%，制种纯度提高 3.9%，授粉成本显著降低。

2. 熊蜂为甘蓝授粉

南京市蔬菜科学研究所尹德兴 2007 年用碘盐与硼肥的混合水溶液（即"盐硼液"）对甘蓝自交不亲和系花穗喷雾，并进行熊蜂辅助授粉，操作简便，成效显著，大幅度提高了甘蓝自交不亲和系原种的产量和质量。碘盐水溶液浓度 5%，硼肥水溶液浓度 0.2%。进行人工蕾期自交所收获的种子每 1 千克费用是"盐硼液"处理及采用熊蜂辅助授粉的 6.6 倍。

3. 蜜蜂为甘蓝授粉

郑州市蔬菜研究所史小强 2015 年对网棚甘蓝制种中蜜蜂授粉效应进行研究。在温度适宜时，全天蜜蜂在进行访花授粉，在甘蓝盛花期可以看到 3~4 只 / 平方米。一个实际甘蓝面积为 128 平方米的大棚蜜蜂授粉需费用 859 元。

八、萝卜

浙江大学林雪珍将蜜蜂授粉应用于萝卜制种。蜜蜂授粉区的结荚率为 87.01%，人工授粉的结荚率为 46.86%，蜜蜂授粉比人工授粉提高了 40.15%；蜜蜂授粉每荚结籽数为 2.84 粒，人工授粉为 2.72 粒，蜜蜂授粉比人工授粉提高了 4.41%；蜜蜂授粉亩平均产量为 31.08 千克，而人工授粉区为 13.84 千克，蜜蜂授粉比人工授粉增产 124.57%。蜜蜂授粉增产和节约人工费两项合计，亩增加经济效益 11 246 元。

九、莲藕

白莲藕又称藕、莲、荷、水芙蓉等，属睡莲科多年生水生草本植物。我国南北各地都有种植，长江流域以南栽培较多，除水田外，还广泛利用低洼田、池塘种植。白莲花开花时，需要对莲花进行授粉，莲蓬、莲子才会结得又大又多。

江西省赣州市农粮局龚文广 2011 年通过意蜂为莲花授粉，测定了蜜蜂为莲花授粉的效果。结果表明：蜜蜂授粉区的结籽率为 81.5%，而无蜜蜂有授粉昆虫区和无蜜蜂无昆虫授粉区分别为 49.7% 和 34.6%，三个不同授粉区差异极显著；蜜蜂授粉区和无蜜蜂有昆虫授粉区的草莲单重分别为 3.59 克和 3.50 克，差异不显著，但显著重于无昆虫授粉区的草莲单重（3.39 克）。

江西石城县连片种植的荷花园
（张旭凤 摄）

福建建宁县莲籽科学研究所罗银华 2013 年比较了建莲蜜蜂授粉前后效益，结果表明，蜜蜂授粉后建莲平均结实率提高 15.5%、单粒鲜质量增加 0.27 克，每亩增加产量 33.5 千克，增加收入 2 000 多元，增产效益达 36.3%。

采集荷花粉的蜜蜂（张旭凤 摄）

江西省养蜂研究所张串联 2014 年利用中蜂和意蜂对莲花进行授粉增产的研究。自然放蜂授粉比无蜂授粉可提升 40% 以上的结实率，蜜蜂强制授粉

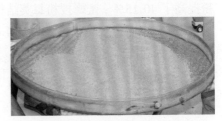

采集到的荷花粉（张旭凤 摄）

可提升 50% 以上的结实率。通过自然放蜂、网棚内强制蜜蜂授粉、网棚内无蜂授粉等分区试验对比，蜜蜂对白莲增产达到 23.83%；中蜂与意蜂的增产效果无明显差异。

盛开的各色荷花（张旭凤　摄）

十、其他蔬菜

蜜蜂为温室内其他蔬菜授粉，效果也很显著。温室内苦瓜，自然授粉基本上不结瓜，人工授粉坐果率 70%，蜜蜂授粉可达到 90% 以上。蜜蜂为温室内辣椒授粉，其产量比无蜂对照区增加 150%，坐果率提高 2 倍。

浙江省种子公司戈加欣 2004 年采用中华蜜蜂授粉代替人工授粉，可提高榨菜种籽产量 41% 以上，翌年播期种子发芽率比对照组高 5.5%。一般地，每 320 平方米网棚种植的榨菜，需配备 5 000 只以上的蜜蜂才能较好开展授粉工作。

第三节　鲜食瓜果

一、西瓜

西瓜为葫芦科植物，雌、雄同株异花，雌花大小为雄花的 1/4，花粉黏而且重。5:00 花初开，6:00 盛开，每朵花的有效授粉时间为 5~6 小时，最佳授粉时间是 9:00—10:00。一般一朵雌花蜜蜂采访 36 次才能完成授粉任务。一朵花的 3 个雌蕊上必须有 500~1 000 粒花粉，并且分配均匀才能保证良好的瓜形。因此，保护地西瓜采用人工授粉难以满足授粉要求。

1. 熊蜂为西瓜授粉

中国农业科学院蜜蜂研究所李继莲 2006 年研究熊蜂和蜜蜂为塑料大棚西瓜授粉发现，熊蜂授粉比蜜蜂授粉的平均单瓜重较重，差异不显著（$P>0.05$）；单位面积产量较多，差异不显著（$P>0.05$）；瓜型更周正，差异显著（$P<0.05$）；维生素 C 含量较高，增加 0.14%；总糖较高，增加 2.22%；糖酸比较高，增加 2.23%；可溶性固形物较低，降低 2.04%；硝酸盐相同。

甘肃省金塔县农业技术推广中心李栋 2016 年以西瓜母本雌花无强雄或无雄品种为材料，进行了网棚熊蜂授粉和常规人工授粉西瓜杂交制种比较试验。西瓜杂交制种采用网棚熊蜂授粉其坐瓜率、单瓜种子粒数和种子千粒重均高于对照，分别较对照提高 1.2 个百分点、2.8 粒和 9.4 克，畸形瓜率比对照低 3.0 个百分点，较对照增产11.2%，增产效果明显。较常规人工辅助授粉可节约成本 560 元 / 亩，增收 660 元 / 亩。

2. 壁蜂为西瓜授粉

杨凌职业技术学院马志峰 2011 年以"玲珑王"礼品西瓜为试材，应用比较法研究壁蜂与人工授粉对大棚吊蔓西瓜坐果的影响。壁蜂授粉的效果优于人工授粉，第 2、第 3 雌花的平均坐果率分别比人工授粉提高了 5.9% 和 10.4%，西瓜平均产量和商品率分别提高了 7.2% 和 3.92%。每亩节约授粉开支 718 元，商品瓜增加 322 千克，效益增加 2 326 元。

3. 蜜蜂为西瓜授粉

蜜蜂采蜜时必须穿过花药与花瓣之间的狭缝，用倾斜或者倒立的方式向下俯钻，才能使唇舌触及蜜盘，这样花粉就粘在其头部、胸部和腹部，当蜜蜂在雌花上采集时，也用同样动作吸蜜，从而完成了西瓜的授粉。

蜜蜂采集西瓜花（邵有全 摄）

河南省西峡县林业高中张秀茹2005年利用蜜蜂为"西农八号"西瓜授粉。瓜农采取自然授粉的单瓜重5~6千克左右，折光糖含量11%左右，亩产4000千克左右，而经蜜蜂授粉单瓜重7~9千克左右，增3千克左右，增加50%，折光糖含量18%左右，增7%左右，亩产6506千克，增产2500千克，坐果率由原来的85%，升为100%，增15%，自然授粉的畸形瓜为5%(2千克以下的果体)，经蜜蜂授粉的畸形瓜为零。每10亩地投放一群(13脾蜂)蜂为其授粉较为合理。且群均生产33千克蜂蜜，蜂王浆1006克，花粉5.5千克，繁蜂几乎翻一倍。

为西瓜授粉的蜂群（邵有全 摄）

北京市大兴区农业技术推广站张保东2013年研究北京大兴区小果型西瓜立架栽培蜜蜂授粉技术，在授粉花开放前1~2天将蜜蜂搬进棚，建议使用2箱3脾授粉蜜蜂，每箱保持在2500~3000只健壮蜜蜂，子脾与工蜂要匹配。

北京市大兴区农业技术推广站张保东2016—2017年对

蜜蜂授粉西瓜结果状（邵有全 摄）

北京地区小果型西瓜立架栽培蜜蜂授粉技术展开研究。结果表明，小果型西瓜立架栽培授粉时温度达到15℃以上，采用每亩两箱6脾蜜蜂授粉效果最佳；改善栽培方式，用增加授粉行、授粉株，种植花朵密、花粉多的品种提高花粉量的方法，可使小果型西瓜坐果率提高27%~31%，亩产量增加1318.19千克，经济效益提高3251.93元。采用蜜蜂授粉降低瓜农的劳动强度，降低生产成本，提高坐果率，每亩节省人工授粉费高达840元。

华中农业大学园艺林学学院黄远2016—2017年以植物生长调

节剂氯吡脲（CPPU）为对照，研究了设施栽培下CPPU、人工授粉和蜜蜂授粉3种坐果方式对西瓜果实挥发性物质的影响。与人工授粉比较，蜜蜂授粉下挥发性物质种类和相对含量明显增加。人工授粉和蜜蜂授粉能明显提高西瓜果实挥发性物质的种类和含量，以蜜蜂授粉效果最佳，有助于提高果实品质。

不同品种设施西瓜（邵有全 摄）

浙江省金华市农业科学研究院苏晓玲2017年应用中华蜜蜂和意大利蜜蜂为设施西瓜授粉，两种蜜蜂的授粉行为相似，但在访花时间、访花间隔、访花频率和采集专一性等行为上存在差异。

硕果累累的设施西瓜（邵有全 摄）

二、甜瓜

甜瓜为葫芦科，雌雄花同株，雄花是数朵簇生，雌花单生，花柱极短。甜瓜粉蜜均有，蜂喜欢采集。授粉是否充分是影响甜瓜大小的主要原因，如果甜瓜内的种子不超过400粒，通常达不到商品瓜大小。

设施栽培甜瓜（邵有全 摄）

1. 熊蜂为甜瓜授粉

甘肃省蜂业技术推广总站逯彦果总结由于熊蜂的认巢能力差，入甜瓜室前一定先选好位置，放入后最好不要再挪动。连续数天雨雪阴天时，花朵泌蜜泌粉不佳，熊蜂授粉的效果会受到严重影响，因此需要人工进行补充授粉。

2. 蜜蜂为甜瓜授粉

中国农业科学院蔬菜花卉研究所付秋实 2014 年研究表明：蜜蜂授粉、氯吡脲喷花与人工授粉相比，可以显著提高厚皮甜瓜的单瓜质量、果实纵径、横径、果肉厚以及果实中葡萄糖、果糖和蔗糖的含量。

海南省农业科学院蔬菜研究所王小娟 2016 年研究表明，在秋冬茬，CPPU 喷花对甜瓜果实形态影响最好，提高了果实纵径、横径、内腔宽、肉厚、硬度和单果质量；在冬春茬，蜜蜂授粉+CPPU 喷花对甜瓜果实形态影响最好；无论在秋冬茬还是在冬春茬，蜜蜂授粉对甜瓜果实的品质影响最好，提高了可滴定酸和边糖含量，且果实风味最好。

设施甜瓜蜜蜂授粉蜂箱（邵有全 摄）

标准化栽培的设施厚皮甜瓜（邵有全 摄）

中国热带农业科学院环境与植物保护研究所高兆银 2016 年研究表明，蜜蜂授粉与氯吡脲处理相比，在单果重、纵径、横径、果肉厚度、种腔直径及果皮颜色等方面无显著差异；与氯吡脲处理相比，蜜蜂授粉的果实果肉蔗糖含量显著增加，边糖含量、维生素 C 含量、千粒重与固酸比均极显著提高，果肉硬度和可滴定酸含量极显著降低，果肉中的香味物质含量增加。

标准化栽培的设施甜瓜
（邵有全　摄）

标准化栽培的设施甜瓜果品
（邵有全　摄）

　　宁波市农业科学研究院马二磊2016年指出平湖意蜂适合甜瓜爬地或立架栽培授粉，一般7~10天即可完成授粉工作，果实坐果率达到98%以上，畸形果率在16%以下。春季1箱蜂价格为360元，秋季1箱蜂

不同类型设施甜瓜果肉（邵有全　摄）

价格为240元。1个大棚需要放置1箱蜜蜂，人工授粉一般需要用工5~7个工，按照每工90元计算，需要投入人力成本450~630元。春季栽培可节省90~270元，可降低成本20.0%~42.9%；秋季栽培可节省210~390元，可降低成本46.7%~61.9%。而且蜜蜂在完成1个大棚授粉后，还可在其他处于花期的大棚内继续使用，还可降低使用成本。蜜蜂授粉生产的甜瓜销售价格较喷施激素的甜瓜高1元/千克，按亩甜瓜产量2 500千克算，可增加收入2 500元。

三、番茄

　　番茄是设施主栽蔬菜之一，在设施生产的密闭环境中，生产上常使用激素蘸花来提高番茄的坐果率和产量，但激素蘸花用工多，蘸花最适期较难掌握。

1. 熊蜂为番茄授粉

　　北京市平谷区种植业服务中心邢艳红2005年观察发现，在番茄温室内，当温度达到7.17℃时，熊蜂就会出巢试探性地飞翔，当温度达到 8.33℃时，就可进行正常采集授粉，平均日工作时间为 6.98 小时，说明熊蜂比较耐寒，在较低温度环境下能够较好完成授粉任务。熊蜂平均每分钟访花 13.33 朵，熊蜂对于光照强度不是很敏感，撞棚现象很少发生。

山东省淄博市农业技术推广中心陈泮江 2009 年为了提高番茄坐果率，增加产量，改善品质，笔者在日光温室番茄上进行了熊蜂授粉试验。利用熊蜂授粉能明显提高番茄的品质和商品性，增产率达到 13.5%~15.3%，300 米² 温室增值 966~1 478 元，同时生产过程安全环保。

新疆农业科学院园艺作物研究所王强 2013 年以新疆南

熊蜂为番茄授粉（邵有全 摄）

挂果中的设施番茄（邵有全 摄）

疆日光温室番茄为研究对象，进行熊蜂授粉技术试验。熊蜂具有适合设施番茄授粉的形态结构和独特的生物学特性，出巢活动温度为 9~12℃；熊蜂番茄授粉的坐果率为 94.2%；单位面积产量比坐果灵蘸花授粉提高 11.2%，果实可溶性固形物、维生素 C、总糖含量分别提高 12.9%、1%、23.1%；果实风味（糖酸比）也高于坐果灵蘸花处理，果实品质和商品性较好。因此，熊蜂授粉适合南疆生态气候区设施番茄栽培环境。

新疆兵团农业技术推广总站刘玲辉 2015 年为了解熊蜂授粉对设施番茄产量、品质和收益的影响，开展熊蜂授粉和激素蘸花效果对比试验。熊蜂授粉较激素蘸花授粉可提高坐果率，增加产量 15.7%，畸形果率降低 24.4%，可溶性固形物、维生素 C 和总糖含量均有所提高，净收益增加 25%。

番茄人工喷施激素（左上）喷施激素授粉番茄果实（右上）
熊蜂为番茄授粉（左下）熊蜂授粉番茄果实（右下）（邵有全 摄）

樱桃番茄结果状　　　熊蜂授粉樱桃番茄（上）激素授粉樱桃番茄（下）
（邵有全 摄）　　　　　　　　（邵有全 摄）

提高更多，达 46.3%。熊蜂个体大，浑身长满绒毛，携带花粉量大，授粉完全，且叶片遮盖下的花序也能去访花。授粉需要注意的是其花期长，授粉期间难免打药防治病虫害，打药时，应将熊蜂搬出棚外，两天以后再搬进去，以防熊蜂中毒受害。

贵州省黔东南州农业科学院李上星 2016 年大棚草莓上熊蜂授粉平均产量为 20 190.45 千克 / 公顷，比自然授粉增产 38.81%；熊蜂授粉草莓平均单果质量为 15.10 克，较自然授粉 10.02 克提高 37.02%，熊蜂授粉草莓畸形果率降低 81.82%，差异显著；熊蜂授粉草莓果实可溶性糖为 11.82%，自然授粉为 10.85%，差异不显著；熊蜂处理的草莓着色一致、色泽鲜亮、香甜可口，优于自然授粉，产值增加 48.73%。

3. 蜜蜂为草莓授粉

安徽农业大学蜂业研究所余林生 2001 年利用意大利蜜蜂为棚栽草莓授粉，草莓产量平均提高 65.6%~74.3%，畸形果率下降 60.7%~63.1%，净效益增长率为 69.85%~79.02%，且草莓甜度增加，品质改善。大棚内适时配置蜂群授粉，蜂群耗损 2.0~2.1 框 / 棚 (200 米^2)，科学地饲养管理，能大幅度地减少蜂群损失。

辽宁省蜜蜂原种场高建村 2003 年研究表明，卡意蜜蜂与意大利蜜蜂授粉优良果产量之间差异极显著，卡意蜜蜂比意大利蜜蜂授粉效果好。研究了 2.13 公顷草莓放 0.175 千克、0.350 千克、0.525 千克和 0.7 千克蜜蜂的授粉效果，4 平方米产量分别是 15.11 千克、15.66 千克、15.67 千克和 16.33 千克，不同蜂量授粉的优良果之间差异极显著，蜂种和蜂量之间存在互作。蜂量为 0.7 千克的卡意蜜蜂授粉的草莓优良果产量最高，最高产量为 4.17 千克 / 米^2。

中国农业科学院蜜蜂研究所李继莲 2006 年对意大利蜜蜂为日光温室草莓授粉时的行为和活动方式进行了研究。意大利蜜蜂开始访花的时间为 9:25—9:40，停止访花的时间为 15:20—15:30，开始访花的温度为 >15℃，在早晨和阴天不访花。个体的日活动时间为（180.00 ± 2.64）秒，采集时间为（76.43 ± 3.83）秒。每分钟的平均访花数（2.38±0.15），访花间隔为（6.0±0.48）秒。访花没有选择性，很少在花簇间移动，平均移动距离只有1.1米。

浙江省农业科学院农产品质量标准研究所苍涛2009年通过测定12种草莓生产中常用农药对蜜蜂的急性毒性，并根

蜂农检查草莓授粉蜂群（邵有全 摄）

据其田间推荐施用剂量进行安全性评价。其中丁硫克百威、毒死蜱、高效氯氟氰菊酯、哒螨灵对蜜蜂具有高风险性，应禁止在草莓放蜂授粉期施用；苯醚甲环唑、戊唑醇对蜜蜂具有中风险性，应慎重选择施用；啶虫脒、灭蝇胺、氟硅唑、腈菌唑、醚菌酯、嘧霉胺对蜜蜂具有低风险性，可以用于草莓放蜂授粉期，但应尽量在清晨或傍晚蜜蜂不能采集授粉时施用。

中国农业科学院蜜蜂研究所张红2015年比较设施草莓园内不同摆放方位的蜂群活动规律及群势下降情况，蜜蜂蜂群在设施草莓园内的摆放方位对于蜜蜂访花密度有显著影响，其中蜜蜂蜂箱坐东朝西摆放时，蜜蜂访花密度显著高于其他摆放方式；在草莓整个花期授粉过程中，蜜蜂蜂群群势呈现逐渐下降趋势；然而，蜜蜂蜂群在设施草莓园内的摆放方位对群势下降程度无显著影响；蜜蜂访花密度与蜂群群势呈正相关，与草莓开花数量无显著相关性。

蜜蜂采集草莓花（邵有全 摄）

草莓授粉蜂群应该在晚秋喂足越冬饲料糖；在草莓开花前3~5天搬进大棚至授粉结束。

草莓蜜蜂授粉蜂群（邵有全 摄）

度达到 8.33℃时，就可进行正常采集授粉，平均日工作时间为 6.98 小时，说明熊蜂比较耐寒，在较低温度环境下能够较好完成授粉任务。熊蜂平均每分钟访花 13.33 朵，熊蜂对于光照强度不是很敏感，撞棚现象很少发生。

熊蜂为番茄授粉（邵有全 摄）

山东省淄博市农业技术推广中心陈泮江 2009 年为了提高番茄坐果率，增加产量，改善品质，笔者在日光温室番茄上进行了熊蜂授粉试验。利用熊蜂授粉能明显提高番茄的品质和商品性，增产率达到 13.5%~15.3%，300 米² 温室增值 966~1 478 元，同时生产过程安全环保。

新疆农业科学院园艺作物研究所王强 2013 年以新疆南

挂果中的设施番茄（邵有全 摄）

疆日光温室番茄为研究对象，进行熊蜂授粉技术试验。熊蜂具有适合设施番茄授粉的形态结构和独特的生物学特性，出巢活动温度为 9~12℃；熊蜂番茄授粉的坐果率为 94.2%；单位面积产量比坐果灵蘸花授粉提高 11.2%，果实可溶性固形物、维生素 C、总糖含量分别提高 12.9%、1%、23.1%；果实风味（糖酸比）也高于坐果灵蘸花处理，果实品质和商品性较好。因此，熊蜂授粉适合南疆生态气候区设施番茄栽培环境。

新疆兵团农业技术推广总站刘玲辉 2015 年为了解熊蜂授粉对设施番茄产量、品质和收益的影响，开展熊蜂授粉和激素蘸花效果对比试验。熊蜂授粉较激素蘸花授粉可提高坐果率，增加产量 15.7%，畸形果率降低 24.4%，可溶性固形物、维生素 C 和总糖含量均有所提高，净收益增加 25%。

番茄人工喷施激素（左上）喷施激素授粉番茄果实（右上）
熊蜂为番茄授粉（左下）熊蜂授粉番茄果实（右下）（邵有全 摄）

樱桃番茄结果状
（邵有全 摄）

熊蜂授粉樱桃番茄（上）激素授粉樱桃番茄（下）
（邵有全 摄）

武汉市东西湖区农业科学研究所陈红2015年开展了早春大棚番茄生产应用熊蜂授粉技术试验。熊蜂授粉处理比激素点花处理增产937千克/亩，单果重增加11.2克，单株坐果数增加3.8个，畸形果率下降17个百分点，节省人工投入185元/亩，共节本增收2 621元/亩。

设施熊蜂授粉蜂箱（郭媛　摄）

山西省大同市气象局李效珍2018年通过对熊蜂授粉试验棚与人工蘸花的普通棚单果重、果实形态、产量、口感、成本等方面进行对比分析。结果表明：熊蜂作为温室授粉昆虫应用在番茄上，不仅气候条件适宜，而且效果十分明显。每棚每茬（0.042公顷）可增收节支7 150元。

　2.蜜蜂为番茄授粉

北京市平谷区种植业服务中心邢艳红2005年观察发现，在番茄温室内，蜜蜂的出巢温度为11.33℃，授粉温度为12.83℃，平均日工作时间为5.05小时，蜜蜂平均每分钟访花9.33朵。在授粉过程中，蜜蜂更喜欢采集花蜜，通常在吸取花蜜的同时身体接触到花朵的雄蕊，将花粉粘附在浑身的绒毛上，在蜜蜂采集下一朵花时起到授粉的作用。

携带番茄花粉的授粉蜜蜂（郭媛　摄）

四、草莓

大多数草莓品种是自花可结实的。但还有一些品种由于柱头高，而雄蕊短授粉困难，这就需要昆虫授粉。近年来在冬季和早春，日光节能温室种植草莓面积越来越大，温室中没有风和传粉昆虫，使草莓授粉受到很大影响。草莓雄蕊的花药围着雌蕊柱头，每朵花花期为 3~4 天，蜜蜂从 8:00 到 16:00 都

设施栽培草莓（邵有全 摄）

有采集行为，一只蜜蜂每分钟可采集 4~7 朵花，草莓整个花期长达 5 个月。

1. 壁蜂为草莓授粉

山东省莒南相邸镇果茶站庄爱玲 1997 年利用角额壁蜂对大棚草莓授粉，草莓品种为戈雷拉，冬暖型大棚，放蜂量均为 200 头 / 亩。角额壁蜂授粉能显著地改善草莓的质量，尤其是在棚内气温较低的情况下，能明显地提高第一茬果的坐果率，使草莓尽早尽快地抢占早春鲜果市场，特别是在春节前后上市，售价很高。

2. 熊蜂为草莓授粉

中国农业科学院蜜蜂研究所李继莲 2006 年研究明亮熊蜂开始访花的时间为 8:00—8:05，停止访花的时间 15:55—16:05，开始访花的温度为 12~13℃，个体的日活动时间（271.43 ± 4.48）秒，采集时间为（105.71 ± 1.16）秒。每分钟平均访花数为（8.44 ± 0.44），

熊蜂为草莓授粉（邵有全 摄）

访花间隔为（3.81 ± 0.42）秒。在 9:00-12:00 访早期花平均为 75%。在花间和花簇间活动频繁，平均移动距离为 5.2 米。

山东省临朐县林业局穆洪杰 2006 年设施草莓利用熊蜂进行授粉，其独特表现是，畸形果率降低 8.8%，被叶片遮盖的花序坐果率

中国计量学院唐明珠 2016 年研究发现在不提供食物饲喂时，中华蜜蜂访花频率和单花停留时间均显著高于提供食物。一般 1 亩的大棚有 4 框足蜂。在实际生产中为了降低生产成本，可采用一群蜜蜂为二个草莓大棚授粉并获得成功，首先将蜂群搬入大棚，让蜜蜂在第一个棚内适应环境 7~8 天，下午蜜蜂回箱后，可把蜂箱搬到第二个大棚内，次日在另一个大棚内授粉。下午蜜蜂回巢，再把蜂箱搬回原来的大棚，循环往复，达到草莓隔日授粉的目的。试验证明，隔日授粉与天天授粉的草莓，产量与品质相同。最关键的是 2 个大棚，长、宽、高以及建棚所用的材料，如立柱等都应基本相同，让蜜蜂入棚后觉察不到环境发生了变化。其次蜂箱在两个大棚的位置要大致相同，不能错位。移动蜂箱时，要保持平衡，不可剧烈晃动，避免箱内蜜蜂互相碰撞受伤、死亡。

蜜蜂授粉的草莓果形周正（邵有全 摄）

五、蓝莓

蓝莓属杜鹃花科越桔亚科越桔属植物，为多年生落叶或常绿灌木或小灌木，主要分布在北美和欧洲。随着人们生活水平的不断提高，对反季水果市场需求加大，蓝莓设施栽培得到迅速发展，已成为蓝莓生产的新方向和新趋势。

1. 熊蜂为蓝莓授粉

南京林业大学赵博光 2013 年引进比利时公司专为开放种植的果蔬熊蜂授粉的蜂箱，开放种植的蓝莓进行了授粉试验，表明熊蜂授粉的试验地平均亩产量较对照区增加了 33.4%，坐果率增加了 30.6%，一级果率增加了 7.44%。

2. 蜜蜂为蓝莓授粉

云南农业大学东方蜜蜂研究所樊莹 2015 年以贵州麻江县蓝莓和中华蜜蜂为试验材料，对蜜蜂为蓝莓授粉和蓝莓自花授粉的效果进行了比较研究。蜜蜂授粉的蓝莓坐果率显著高于自花授粉，蜜蜂授粉坐果率为 82.7%，自花授粉坐果率为 45.5%。蜜蜂为蓝莓授粉可提高蓝莓的坐果率。

金华市农业科学研究院赵东绪 2015 年应用意大利蜜蜂和中华蜜蜂为蓝莓授粉，意大利蜜蜂每分钟平均访花数为（5.05±0.14）次，中华蜜蜂为（4.77±0.13）次，两者差异不显著；而意蜂单次访花时间为（9.16±0.43）秒极显著长于中蜂的（4.89±0.22）秒，意蜂较中蜂在花朵的采集时间长，采集间隔时间短，而中蜂较意蜂在寻找花朵的时间长，采集间隔时间长。单位面积意蜂采集蜂数量为平均（12.00±0.90）头，中蜂采集蜂数量平均为（1.73±0.42）头，两者差异极显著。同时意蜂蓝莓花粉携粉率 27.51%，中蜂采集蓝莓花粉携粉率为 11.38%。

重庆人文科技学院唐茜 2017 年为设施蓝莓生产提供授粉技术支持，比较分析了熊蜂与蜜蜂对设施蓝莓授粉习性及授粉效果。熊蜂的出巢温度、起始访花温度显著低于蜜蜂，访花效率及平均日工作时间显著高于蜜蜂，说明熊蜂比蜜蜂耐寒；熊蜂授粉后的蓝莓单果质量及纵横径均显著高于蜜蜂授粉后的果实，但二者的着果率、果实糖度及单株产量并无显著性差异。因此认为，在选择设施蓝莓授粉蜂时，北方地区因气温偏低可选择熊蜂，而南方熊蜂和蜜蜂均可选择。

第四节　油料作物

我国种植的油料作物如向日葵、油菜、芝麻等多数是异花授粉作物，采用蜜蜂授粉以后，增产效果十分显著。

一、大豆

大豆是粮油兼用作物，是动物饲料的主要蛋白质原料，种植面积居世界第三位。大豆是典型的自花授粉作物，天然异交率较低。

利用昆虫传粉，提高大豆的异交结实率，主要是针对用"三系"生产大豆杂交种时，如何提高制种产量这一问题而进行的。

1. 切叶蜂与熊蜂为大豆授粉

安徽省农业科学院作物研究所张磊2003年研究表明在杂交夏大豆制种田中，一般7月中旬前后投放苜蓿切叶蜂，雌蜂落在大豆花的龙骨瓣上，在吸蜜的同时，压开龙骨瓣，把雄蕊雌蕊释放出来，花粉飞溅到切叶蜂的腹部花粉刷上。雌

山西省农业科学院大豆制种棚
（邵有全 摄）

蜂采访花朵的速度很快，1分钟可采访10~15朵花。大豆的株行距较宽时，切叶蜂能方便地采访下部和中部的花朵，可相应提高大豆异花授粉的百分率，提高单株结荚数。苜蓿切叶蜂传粉活动以10:00—15:00最活跃，其他时段活动较少。

吉林省农业科学院植物保护研究所杨桂华2005年报道了熊蜂和苜蓿切叶蜂在网室内对大豆不育系授粉效果。结果表明，两种昆虫都是大豆不育系的有效传粉昆虫，用它们授粉后可使网室内大豆不育系的单株结荚数和单株粒数明显提高。释放熊蜂的不育系大豆平均单株结荚数和粒数分别为21.3个和43.1粒，释放苜蓿切叶蜂的不育系大豆平均单株结荚数和粒数分别为56.8个和128.2粒。

2. 蜜蜂为大豆授粉

吉林省养蜂科学研究所葛凤晨在野外田间进行了累计15公顷面积的杂交大豆田间蜜蜂授粉试验；同时还进行了近600个网棚占地4公顷的杂交大豆授粉试验。2004年蜜蜂授粉的杂交大豆结实率为48.6%；2008年达到73.8%，2009年在父母本1：1的情况下每公顷实产大豆杂交种792.7千克；2011年进行大规模网棚内蜜蜂授粉，繁育不育系126个，最高结实率达到80%；配制杂交组合543个，最高结实率达到90%。

山西省农科院园艺研究所武文卿 2016 年采用人工授粉、自然授粉和蜜蜂授粉 3 种方式，小蜂箱蜂脾 1 脾、2 脾、3 脾 3 种蜂群的群势对网室杂交大豆进行授粉。随着网室内蜜蜂脾数的增加，出勤采集蜜蜂数量也随之增加，蜜蜂访花最活跃的时间均集中在 9:00—13:00。不论是自然授粉还是蜜蜂授粉，都表现为母本中上部节位的结荚率高于下部。与自然授粉相比，蜜蜂授粉杂交大豆母本的单株结荚率、单株粒数、十株产量显著提高，百粒重有所减少。蜜蜂授粉方式优于自然授粉和人工授粉方式。蜜蜂授粉提高了母本的大豆结籽产量，小蜂箱 1 脾（即标准脾 0.5 脾）蜜蜂即可满足 20 米² 网室杂交大豆的授粉。

为制种大豆授粉的小蜂箱（邵有全 摄）

人工为制种大豆授粉（邵有全 摄）

采集大豆花的蜜蜂（邵有全 摄）

山西省农科院园艺研究所马卫华 2016 年为增加蜜蜂访问大豆花的积极性，提高杂交大豆的结荚率，利用巢内悬挂幼虫信息素和饲喂 8-Br-cGMP、豆花糖浆处理蜂群，对照组为饲喂糖浆（1:1）的蜂群。采用收集花粉、摄像观察和荧光定量的方法，对 3 种处理蜂群的花粉重量、采集蜂数量及 Amfor 和 Ammvl 的 mRNA 相对表达量进行比较。3 种处理方式均可以提高蜜蜂采集大豆花粉的积极性，提高采粉蜂数量，增加访问大豆花的概率。

二、油菜籽

油菜是异花授粉植物，依靠昆虫传递花粉。我国油菜的种植品种有芥菜型油菜、甘蓝型油菜、白菜型油菜，在种植时间上又分冬油菜和春油菜。油菜花不仅粉多，而且富含蜜汁，对蜜蜂有很大的吸引力，也是我国春季主要蜜源。

山东农业大学动物科技学院胥保华 2009 在山东青州市研究蜜蜂为油菜授粉的增产效果，试验 1 区经蜜蜂授粉的油菜籽产量 105 千克 / 亩，无蜂区油菜籽产量 75 千克 / 亩，有蜜蜂授粉的油菜籽产量比无蜂区提高 40%；试验 2 区经蜜蜂授粉的油菜籽产量 100 千克 / 亩，无蜂区油菜籽产量 75 千克 / 亩，有蜜蜂授粉的油菜籽产量比无蜂区提高 33.3%；试验 3 区经蜜蜂授粉的油菜籽产量 86.65 千克 / 亩，无蜂区油菜籽产量 70 千克 / 亩，有蜜蜂授粉的油菜籽产量比无蜂区提高 23.8%；试验 4 区经蜜蜂授粉的油菜籽产量 120 千克 / 亩，无蜂区油菜籽产量 60 千克 / 亩，有蜜蜂授粉的油菜籽产量比无蜂区提高 100%。

大面积种植的油菜田（邵有全 摄）　　　携带油菜花粉的蜜蜂（郭媛 摄）

甘肃省养蜂研究所祁文忠 2009 年在黄土高原中部干旱、半干旱地区甘肃省甘谷县安远镇，利用 400 群意大利蜜蜂的蜂场为白菜型油菜天油 4 号进行授粉试验。授粉距离越近，访花蜜蜂数越多，授粉效果越好，与自然授粉比较，油菜籽产量增产 9.01%~48.7%，结荚率提高 1.88%~73.3%，千粒重增加 1.63%~8.07%，出油率提高

1.94%~10.12%，角粒数提高
11.20%~46.34%。在黄土高原
地区，利用意大利蜜蜂为白菜
型天油 4 号油菜授粉，授粉半
径越小，授粉效果越显著，距
离蜂场 1 000 米区域内的授粉
效果最好。

油菜蜜蜂授粉蜂场（邵有全 摄）

云南农业科学院蚕桑蜜
蜂研究所梁铖 2012 年和 2013 年分别以甘蓝型油菜为试验材料，在
相同田地里建立蜜蜂授粉区和无蜜蜂区两个对照，结果表明：西方
蜜蜂占访花昆虫总量的 99.3%，采访量超过 22 头 / 平方米小时。蜜
蜂授粉区植株结荚数、荚粒数、千粒重、油菜籽产量与对照组比
较，差异极显著（$P \leqslant 0.01$），分别增产 29.49%、15.34%、6.55%、
47.39%。

重庆市畜牧科学院罗文华 2016 年研究意大利蜜蜂为重庆地区油
菜授粉增产提质的效果，建立适宜重庆地区的油菜授粉模式。结果
表明：经意大利蜜蜂授粉的胜利油菜籽平均产量为 459.34 千克 / 亩，
显著高于未授粉组 239.56 千克 / 亩，授粉组与未授粉组的千粒重差
异不显著，授粉组的油菜籽粗脂肪含量（42.98%）显著高于未授粉
组（40.66%）。

三、油葵籽

油葵，即"油用向日葵"，是我国的主要油料作物之一。油葵是
典型的异花授粉作物，其自花授粉率仅为 1%，必须借助昆虫或人工
辅助授粉才能结实。

新疆石河子农学院夏平开 1994 年将蜜蜂授粉应用于油葵不育系
获得显著效果，油葵不育系和保持系增产显著，蜜蜂授粉繁殖油葵
不育系比人工授粉增产 15.1%，比自然授粉增产 1 141.3%；蜜蜂授
粉繁殖油葵保持系比人授粉增产 48.2%，比自然授粉增产 121.2%。
蜜蜂授粉籽仁含油率比人工授粉提高 3.8 个百分点，比自然授粉平均增产934%。蜜蜂授粉的花盘直径比人工授粉增加3.0厘米，单盘籽粒重增加11.2克，单盘饱满籽粒数增加163粒，空秕率减少5.0%，百粒重增加3.22克。蜂群给油葵授粉应在15%~20%的植株开花时，将蜂群搬进授粉场地，每3 000米² 放一群蜂；蜂群管理以防暑降温为重点；加强喂水，巢箱上加铁纱副盖和空继箱，扩大蜂巢，蜂箱上面加盖凉棚。

连片种植的向日葵（邵有全 摄）

四、油茶

我国重要的木本油料树种，栽培广泛，历史悠久，分布在我国南方14个省区。茶油是高级食用油，营养价值很高。油茶是一种自花不育的树种，再加上油茶花粉粒大，重而黏，必须通过昆虫传粉才能结实。油茶开花季节正值冬季温度较低时期，野生昆虫数量少，活动量小，授粉昆虫极少，不能满足油茶的授粉，因而造成了"千花一果"的局面，平均亩产量仅有2.5~3千克。

云南省腾冲县畜牧工作站李林庶2012年以腾冲红花油茶为研究对象，对其分别进行人工授粉、意大利蜜蜂自由式授粉、意大利蜜蜂强制性授粉和隔离对照授粉处理。结果表明隔离对照授粉处理中所有油茶植株均未坐果、结实，在自然条件下需要动物媒介为其传粉才能完成受精作用并结实；意大利蜜蜂自由式授粉油茶坐果率为

25.1%，比人工授粉和强制性授粉分别提高了9.1%和12.5%；结实率达22.1%，比人工授粉和强制性授粉分别提高10.7%和11.9%；自由式授粉油茶单果鲜重为79.3克，鲜出籽率为25%，单果籽粒重为19.8克，均显著高于强制性授粉，但与人工授粉差异不显著。

云南腾冲县畜牧工作站李久强2013年对中西蜂为红花油茶授粉试验效果进行了对比。蜜蜂自由式授粉能显著提高腾冲红花油茶坐果率、结实率和出籽率，显著提高红花油茶的产量。在相同条件下，中蜂对红花油茶授粉率、坐果率较西蜂有显著提高。

王孟林认为在油茶上推广蜜蜂授粉的主要矛盾是解决蜜蜂中毒的问题。林巾英认为在茶花期采用分区管理和加喂药物可以缓解因茶花蜜中毒而引起幼虫死亡。为了提高油茶花的授粉效果，最好选用耐寒的东北黑蜂、高加索蜂或者喀尼阿兰蜂。当蜂群进入油茶场地后，要立即用油茶花糖浆饲喂蜂群，刺激采集蜂出巢。油茶糖浆是将1份鲜油茶花浸泡在3份50℃的糖浆内，12小时后过滤即可。

第五节　纤维和粮食作物

一、棉花

棉花是我国主要的经济作物，被列为自花授粉作物。当前我国棉花杂交种90%以上来自于人工去雄授粉杂交制种，导致杂交种成本高，种子纯度不稳定，种源短缺，高成本烦琐的人工制种更是杂交棉发展的最大瓶颈。

1. 熊蜂为棉花授粉

新疆生产建设兵团第七师农业科学研究所伊海燕2008年发现熊蜂对棉花不育系和保持系从调查情况来看有明显不同，熊蜂在不育系的花中停留时间短，一般10~40秒，而在保持系的花中最长可达65秒，且多是在采粉。保持系的雄蕊颜色发暗，这是明显被咬啮的痕迹，从保持系的访花率来看也能肯定这一现象，这说明熊蜂对花粉有很强的需求，熊蜂的这一特点在很大程度上消除了陆地棉泌蜜

少，不利于吸引昆虫传粉的障碍。

新疆兵团第七师农业科学研究所黄丽叶 2008 年从北京蜜蜂研究所引进 2 箱熊蜂，利用新疆兵团第七师农业科学研究所转育的哈克尼西棉胞质不育系 9–21A 及其对应保持系进行试验。保持系和不育系配比均设置为 1 ∶ 3，试验采用随机排列，发现熊蜂的数量不是影响棉花不育系制种产量的主要因素，熊蜂的蜂群活力才是影响棉花不育系制种产量的主要因素。

2. 蜜蜂为棉花授粉

棉花蜜腺丰富，蜜蜂喜欢采集，每次可采 4~10 个花朵。我国在 1958 年开始已经进行棉花蜜蜂授粉，棉花授粉时蜂群管理重点是预防农药中毒。

四川国豪种业有限公司王治斌 2010 年通过 3 年的研究表明，棉花双隐性核不育系利用蜜蜂传粉制种，在密度 30 000 株 / 公顷左右，父本 ∶ 母本为 1 ∶ 4，放置 15~22.5 箱 / 公顷蜜蜂时，种子产量可达 750 千克 / 公顷，与人工授粉相比，蜜蜂传粉虽然在铃重和每铃种子数上显著降低，但人工生产成本低。

新疆生产建设兵团第三师农业科学研究所刘素华 2013 年利用三师农科所已成功培育的棉花核不育系 NA 为母本、高产杂交组合中 1–2 为父本，在网室内采用意蜂传粉进行杂交制种，父母本种植比例以 1 ∶ 4（一个地膜上种 4 行母本，1 行父本，一膜 5 行）最合适，膜下滴灌的方式种植，意蜂传粉效果优于熊蜂，意蜂是棉花杂交制种的方向。同时可节省成本，降低棉花杂交制种的人工投入。

山西省农业科学院棉花研究所吴翠翠 2015—2016 年表明，晴天条件下，蜜蜂在棉花保持系的造访频率为 60 次 / 小时，不育系为 49.2 次 / 小时；阴天条件下，蜜蜂在保持系的造访频率为 23.4 次 / 小时，不育系为 13.8 次 / 小时，差异不显著。蜜蜂授粉和人工授粉单铃籽粒数有显著差异，而单株铃数和空果枝数差异达极显著，果枝数、铃重、衣分、子指、发芽率则无显著差异。蜜蜂授粉种子产量可达人工授粉的 70% 左右，但其制种成本远低于人工授粉，可节约费用 2/3。

二、水稻

水稻是不严格的自花授粉作物，有 3%~5% 是异花授粉，水稻是风媒花，水稻在自体授粉时，雄蕊的花药会破裂，花粉相当细小，会随风力、稻的摇摆，落到隔壁的雌蕊柱头上，变成异花授粉。一般情况下，它的扬花与授粉是一起进行的。蜜蜂可提高水稻授粉概率，减少水稻空瘪率，提高水稻品质和水稻产量。

蜜蜂为水稻授粉（黄家兴 摄）

黑龙江省蚕蜂技术指导总站马良 2014 年通过对比试验得出通过蜜蜂授粉，水稻亩产增加 40.5 千克，提高水稻产量 7.8%，亩增加收入 405 元。

黑龙江省蚕蜂技术指导总站马晓斌 2017 年实践证明，经过蜜蜂授粉，水稻亩产增加 67.1 千克，提高了 9.97%~11.37%，蜜蜂授粉增效显著。

三、荞麦

荞麦作为我国主要蜜源作物之一，花朵大、开花多、花期长、蜜腺发达、有浓密的香味，泌蜜量大，蜜蜂非常喜欢采集，大面积种植荞麦可促进养蜂业和多种经营的发展。反过来，蜜蜂在采集的过程中可以传花授粉，较大幅度地提高荞麦的受精结实率、产量、质量，提高人们种植荞麦的积极性，扩大荞麦种植面积。

第六节　牧　草

一、紫花苜蓿

苜蓿是富含蛋白质的饲料，紫花苜蓿自花授粉率低，利用传粉昆虫辅助授粉紫花苜蓿是提高单位面积种子产量和经济效益的有效途径。

1. 切叶蜂为苜蓿授粉

苜蓿切叶蜂授粉速率是 7~16 朵 / 分钟，平均 11 朵 / 分钟。通过苜蓿切叶蜂采集花粉的行为，解决了紫花苜蓿花器不易打开的难题，完成了异花授粉过程。

黑龙江草原饲料中心实验站刘昭明 2004 年证明距离蜂箱越近，切叶蜂附着的次数越多，授粉效果越好，种子产量越高。随着距离的增加，种子产量逐渐下降。切叶蜂的有效放蜂距离是 100 米以内，100 米处的种子产量基本与不放蜂的对照样方基本持平。另外，不同的放蜂数量和苜蓿植株的疏密度对苜蓿的种子产量也有着重要的影响，植株密度在 5~6 株 / 米^2 时进行种子生产效果最好。

2. 熊蜂为苜蓿授粉

山西省农业科学院园艺研究所郭媛 2017 年研究表明，地熊蜂访问紫花苜蓿时，访花频率为 25.41 朵 / 分钟，单花访问时间 2.8 秒。地熊蜂授粉后结荚率为 71.41%，每荚种子数 4.67 个。

3. 蜜蜂为苜蓿授粉

中国农业大学草地研究所姜华 2004 年对 10 个不同品种紫花苜蓿的花萼直径、花冠长度、花朵密度、花蜜量及花蜜糖组成等花部特征与访花蜂数的关系进行了研究。花部特征对访花蜂数的影响依次为：单位面积花蜜量 > 花朵密度 > 蔗糖含量 > 花冠长度 > 单花花蜜量。对不同品种紫花苜蓿分别利用花

切叶蜂采集苜蓿花（邵有全 摄）

熊蜂采集苜蓿花（邵有全 摄）

部特征和访花蜂数进行聚类分析，结果显示小组划分虽然有所不同，但都能分为相同的两大组，即：阿尔冈津、陕北、L173、WL323 和拉达克聚为一大组，而三得利、德福、赛特、Prime 和德宝聚为另一大组。花朵的大小是造成紫花苜

蜜蜂采集苜蓿花（邵有全 摄）

蓿各品种间的蜜蜂拜访数量差异的首要因素，再次是花蜜量的多少，最后是花朵的颜色。

云南农业大学烟草学院何承刚 2005 年对 10 个紫花苜蓿品种的花萼直径、花蜜量、访花蜜蜂数量和种子产量进行了研究，紫花苜蓿的单位面积花蜜量与访花蜜蜂数量呈极显著正相关，访花蜜蜂数量与种子产量呈显著正相关；紫花苜蓿的花蜜量与花萼直径呈极显著正相关。

黑龙江省农科院牡丹江分院刘祥伟 2009 年研究表明，高加索蜜蜂工作时间长，访花速度快，每日的工作时间约为 11 小时，访花速度为 30~40 朵 / 分钟，比杂交蜜蜂和切叶蜂授粉效率高；没有传粉昆虫时俄罗斯紫花苜蓿不结实；高加索蜜蜂、杂交蜂、切叶蜂间的授粉效果差异不显著，与场地外综合授粉效果差异显著；紫花

龙骨瓣已打开的苜蓿花（左）
龙骨瓣未打开的苜蓿花（右）
（邵有全 摄）

苜蓿开花以后第 10 日开始每公顷放置 6 个以上的高加索蜜蜂强群。

山西省农业科学院园艺研究所郭媛 2017 年发现西方蜜蜂访问苜蓿花访花频率为 20.59 朵 / 分钟，单花访问时间 4.17 秒，结荚率 65.79%，每荚种子数 5.25 个。

二、三叶草

红三叶，也叫红车轴草、红花苜蓿、三叶草，为豆科多年生草本植物，红三叶含有黄酮类物质、蛋白质、氨基酸、糖类和维生素等成分，由于黄酮类物质具有抗癌作用而使红三叶格外受人关注。红三叶必须依赖昆虫授粉才能结实，它对昆虫授粉有着高度的依赖性。

甘肃省蜂业技术推广总站田自珍2013年提出蜜蜂为红三叶种子生产授粉的配套技术。由于红三叶初花时期有大量的其他蜜源植物开花，为了增强蜜蜂对红三叶授粉的专一性，蜂群最好在红三叶开花10%~15%时进入，并在进场后的前几天结合诱导饲喂。红三叶的花期不同、长势不同以及蜂群群势不同则授粉密度也不同，在一般情况下应按照0.27公顷/群（12足框/群）进行配置，但不要高于这个密度。对于授粉距离，在条件允许的范围内，应尽可能缩短，一般不要超过1 000米，以500米之内为最佳。

第六章

农业中的蜜蜂授粉模式

蜜蜂与人类的生存息息相关。推广蜜蜂农作物授粉不仅能够提高农作物产量、改善产品品质，增加农民收入，而且对维护生态平衡也具有十分重要的作用。它是转变养蜂观念，促进蜂业转型升级的一项长期任务。随着科学技术的深入发展和农业产业化发展的需求，蜜蜂授粉技术已经广泛应用于生产实践中，并且能够显著提高农产品产量和质量。蜜蜂授粉产业是现代化农业重要组成部分，是一种低碳、环保的绿色经济。当前我国要大力宣传蜜蜂授粉对农业的增产和维护生态平衡的作用，出台保护授粉的法规，培育龙头企业，推进产业化进程，带动农业增产和农民增收，把保护蜜蜂提高到保护人类的高度来认识。

第一节　商业化蜜蜂授粉可行性

一、国外商业化蜜蜂授粉概况

由于现代化、集约化农业的发展，大量使用杀虫剂和除草剂，致使一定区域内自然授粉昆虫锐减，不能满足作物授粉的需要。发达国家十分重视用蜂为农作物授粉，以改善农田的生态环境，保证粮食、油料、瓜果、牧草等作物的高产和优质。国际上把蜜蜂授粉作为现代农业养蜂业发展的重要标志。目前世界养蜂发达国家普遍以养蜂授粉为主、取蜜为辅。欧美国家对家养蜜蜂传粉的研究和技术推广工作极为重视，较早地便开始了对蜜蜂授粉技术的研究与利用工作，并且还专门成立了蜜蜂授粉服务机构，建立了一整套措施，将蜜蜂授粉广泛应用于谷物、水果、牧草、花卉等各种作物。

例如美国是全球农业最发达的国家之一，十分注重蜜蜂授粉技术的应用和推广。美国养蜂业发达，蜂农的收入90%依靠出租蜜蜂授粉获得，而蜂产品的收入仅占10%。美国大部分作物对蜜蜂授粉的依赖程度很大，其中，杏100%依赖蜜蜂授粉，而苹果、洋葱、花菜、胡萝卜和向日葵等依赖蜜蜂授粉的程度也均在90%以上，其他的水果、坚果、瓜果蔬菜类也对蜜蜂授粉有一定程度上的依赖性。据统计，美国现有蜂群数量约为240万群，其中约200万蜜蜂是用来出租授粉用的；一个花期每箱蜜蜂可收取租金近100美元，而转地蜂场每年平均可出租蜂群达4~5个花期。一年下来，收益也十分丰厚。据估算统计，美国蜜蜂对主要农作物授粉的年增产值可达150亿美元。

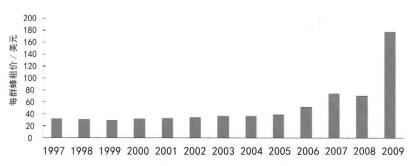

美国授粉蜂群租赁价格（源于文献）

美国商业化授粉蜂箱
（邵有全 摄）

美国商业化授粉蜂箱转运车
（邵有全 摄）

蜂产业作为澳大利亚畜牧业的重要领域，其蜜蜂授粉在澳大利亚经济发展中扮演重要角色，蜂产业的发展亦受到政府的高度重视，并向其中投入大量科研力量。澳大利亚对蜂产业的病虫害防治十分重视，投入大量人力物力及科研经费用于病虫害的防治及技术研发。并且由于蜜蜂授粉的特殊性，蜜蜂病虫害不仅受到蜂产业本身的重视，同时也受到种植业及园艺业的重视，各部门相互合作采取一系列措施严防蜜蜂病虫害的发生。澳大利亚从放蜂到生产均采取机械化操作，大转地蜂农均使用养蜂车转地放蜂，车内生活设备齐全，每个养蜂车可装运240~360箱蜂，养蜂车上装有机械臂，蜂箱蜂桶的装卸均是机械化操作，这样使得蜂产业养殖规模大且效益高。其他农业发达的国家也十分重视蜜蜂授粉，普遍推行授粉技术。欧盟的国家中，昆虫授粉的增产价值为50亿欧元。

发展中国家同样重视蜜蜂授粉在农业生产活动中的应用。罗马尼亚、保加利亚为保障蜜蜂为作物授粉，专门规定凡是需要授粉的作物，都保证要有足够的蜂群授粉，并规定在蜜源利用上实行全国统一分配，授粉季节主管部门动员所有饲养蜂群为农作物授粉，有计划进行转地饲养，运输报酬由农业管理部门免费提供。

近年来，国外周年饲养熊蜂实现了产业化、商品化。如荷兰、比利时、英国、以色列、新西兰、土耳其、美国、加拿大等国相继建立了工厂化周年繁育和出售授粉用熊蜂的专业公司，随时向菜农提供授粉蜂群并销售至国外。国内北京、吉林等授粉机构及科研单位也逐渐实现规模化饲养熊蜂，成本比国外进口低廉，为国内熊蜂授粉应用奠定基础。欧洲目前约有近万公顷的温室利用熊蜂授粉，已获得了可观的经济效益，在土耳其仅番茄生产每年就需要授粉熊蜂群30万群，而其国内熊蜂公司仅能满足需求量的10%。熊蜂授粉成为国外温室蔬菜生产的重要技术措施，国外熊蜂授粉专业公司授粉业务扩展到世界各地。

二、国内商业化蜜蜂授粉概况

我国是中华蜜蜂的发源地，从事养蜂事业历史悠久，源远流长，同时，我国饲养的西方蜜蜂大部分是意大利蜜蜂，此外，还有一部分其他蜂种及地方选育蜂种，如喀尔巴阡蜂、卡尼额拉蜂、高加索蜂、东北黑蜂、新疆黑蜂等。据 FAOSTA 统计显示，2009 年我国拥有蜂群共计 820 万群，其中意大利蜜蜂 550 万群，中华蜜蜂 270 万群。到 2014 年，我国拥有蜂群共计 920 万群，其中意大利蜜蜂 600 万群，中华蜜蜂 320 万群。我国养蜂采用定地饲养、小转地饲养及大转地饲养等方式，且养蜂者的收入主要来源于蜂产品。中国有近 400 万群流动蜂群，在采蜜的同时，也为大面积的油菜、荞麦、向日葵等授粉，增产效果显著。也有少量蜜蜂被租用为苹果、温室黄桃、草莓等授粉，其授粉价值开始逐步为农户所认识。因而在现代化大农业中，评价"生物（昆虫）授粉是园艺栽培业上的一场革命"。

野生蜂巢脾（祁文忠 摄）　　　中华蜜蜂饲养蜂场（郭媛 摄）

我国 2009—2013 年间平均蜂群损失率为 8.9%，其间损失率最高的 2011—2012 年度，平均蜂群损失率也仅为 12%，处于可以接受的范围内。调查显示蜜蜂蜂群崩溃症状（CCD）在我国并没有确认发生。这与我国养蜂管理方式细致，及时对蜂群实施病害防控措施有关。2010 年，随着《农业部关于加快蜜蜂授粉技术推广促进养蜂业持续健康发展的意见》和《蜜蜂授粉技术规程（试行）》两个文件的出台，国家加大了蜂业科技的政策扶持和投入。

浙江省是全国第一养蜂大省，蜂群数量和蜂产品产量及出口量多年来一直位居全国前列。长期以来，浙江省一直在积极探索蜜蜂为农作物授粉增产增收效果的研究。2010 年全省推广蜜蜂授粉面积达 29 万亩，产生直接经济效益 3 亿多元，蜜蜂授粉技术正在成为现代农业必不可少的配套措施之一。

西方蜜蜂蜂场（郭媛 摄）

浙江省已探索出了适合当地发展的蜜蜂授粉技术推广两种模式：一种是"蜂农＋种植户"的金华、平湖模式。以蜂场和种植户结合为平台，农业内部种植业管理与养殖业管理部门紧密合作，打破行业界线，实行优势互补，通过蜜蜂授粉技术，将蜂农与种植户的利益连接起来，不仅在种植业和养殖业产业间形成了农牧结合的模式，而且科技人员之间也形成了密切配合和协同作战的合力机制；另一种是"协会＋合作社＋蜂农"和"协会＋基地＋蜂农"的江山模式。即通过蜂农与合作社或基地建立长期的合作关系，由蜂农针对不同的作物、不同的面积，提供相应数量的蜂群给合作社或基地，并提供饲养技术和授粉技术服务。各地在实施"品牌"战略过程中，把蜜蜂授粉技术作为提高农作物科技含量、提升产品质量、增强市场竞争力的一项重要工作举措来抓。如平湖市对应用蜜蜂授粉技术生产的西瓜，只要符合产品质量要求的，在优先获得"金平湖"品牌西瓜销售权的基础上，加贴由中国养蜂学会授予的"蜜蜂授粉基地"标识，挂牌销售，以提高产品质量档次和经济效益。

海南哈密瓜商业化授粉（邵有全 摄）

国内蜂箱转运车（邵有全 摄）

国家对蜜蜂授粉项目资金投入逐步加大，2012 年年初，农业部将"蜜蜂授粉增产技术集成与示范项目"列为国家公益性行业（农业）专项。蜜蜂授粉行业正在蓬勃发展，北京、浙江、海南的设施农业授粉，内蒙古的向日葵授粉，广东、福建的荔枝、龙眼授粉也已初具规模。蜜蜂授粉的增产作用被证实并且得到越来越多人的共识，为我国大力发展授粉产业、积极开展授粉商业化掀开了新的一页。

1. 设施农业的飞速发展为我国蜂授粉商业化发展铺设了良好的发展平台

设施农业是在环境受控条件下组织的农业生产，国外称其为"人工控制环境条件下的农业"，其中，玻璃温室、塑料大棚是设施农业投资的主要方向。然而，从投资情况看，各地在建温室、大棚时，重硬件投资，轻技术配套，图形式新颖，略实际效益，设施农业的优势没能充分发挥，其重要的一点就是配套技术没能很好解决，授粉是其中的一项重要技术。

玻璃或塑料温室种植果蔬菜，形式上是与外界隔离的，四周设有防虫网，一些虫媒或风媒授粉的作物授粉会受到很大的影响，坐果率很低。为帮助授粉，各地采用的方法往往是激素点花、竹竿击打主茎、电动振动授粉器以及鼓风机吹风等手段辅助授粉，这些做法虽有一定效果，但都存在不同的弊端，如激素点花易导致果实畸形、品质差，有时还会产生药害，竹竿击打及鼓风机吹风相对较省工，然而效果不甚明显，用电动振动授粉器效果较好，但增产效果最多不超过 15%，且需每天操作，劳动强度比较大。为弥补设施农业授粉缺陷，目前世界农业发达国家均采用工厂化繁育的熊蜂、切叶蜂、壁蜂为果菜作物授粉，完全克服了传统授粉所带来的弊端。

随着科学技术在农业生产中的推广与应用，特别是设施农业新技术的开发利用，为农业生产带来了一场新的技术革命。大力发展高效设施农业已成为振兴地方经济，提高农业生产率，增加农民收入，改进农产品质量的重要手段，也是农民走向集约化、规模化、现代化生产道路的最佳途径。在设施农业蓬勃发展之际，蜂授粉产业作为一项重要的农业增产技术措施，理应得到应有的重视和扶持。

设施番茄熊蜂授粉（郭媛 摄）　　　设施番茄振荡授粉（张旭凤 摄）

2. 蜂为作物授粉可以增加产量、改善品质、提高效益已为人们所认知

20 世纪 30 年代后，由于大规模温室的出现，蜂被应用于为温室内果菜类蔬菜授粉，大量节省了授粉的劳动力，显著提高了果实、种子的产量和质量。据前苏联报道，一公顷黄瓜的授粉需要 2 400 个工作日，且结果率、产量均低，并常出现畸形瓜。利用蜜蜂授粉产量可提高 28.5%，一群经过训练的蜜蜂可相当于 149 个全劳动力的工作量。

3. 生态农业与绿色农业的需求呼唤实现蜂授粉商业化

在我国，随着国民经济的快速发展，社会的进步，人民生活水平的提高，人们的营养意识和健康意识的日益增强，对优质农产品和无公害绿色食品的需求与日俱增。然而，在温室种植业上目前的生产方式，除个别现代化设施农场采用生物防治技术及从国外购买熊蜂授粉外，大部分仍沿用有毒农药、人工授粉或喷施植物激素，浪费劳力，成本高，果实品质下降。蔬菜、瓜、果的"农药残留"及其他有害物质，难以做到更有效的监控，很难适应日益增长的高营养和无害化要求。大力发展蜜蜂授粉产业是一项低成本、高效率、无污染，又能获取综合效益的重要的现代化生态农业措施和有效的优质高档果蔬生产配套技术。

蜜蜂为设施甜瓜授粉（邵有全 摄）

当前在日光温室的发展过程面临着许多问题，如单位面积产量及产品质量不高，当前一般生产水平的实际平均产量仅为应达水平的1/5~1/4，增产潜力很大；产品质量与蔬菜生产发达的国家相比，无论是商品质量、保鲜质量及内含品质均相差甚远，效益不高；劳动生产率低，温室生产基本上靠手工操作，平均每个劳动力创造的产值为5 000~10 000元，生产利润小。因而如何采用高产、优质、高效为中心的生产管理技术是当前日光温室蔬菜生产面临的严峻问题。

4. 现代科学技术的发展为实现蜂授粉商业化提供了条件

近年来，国家已经加大了对农业科技的投入，特别是加大了对设施农业增产配套措施的研究力度与投入。我国对授粉昆虫的研究工作进入了一个新的历史时期。熊蜂周年繁育技术取得突破性进展，自20世纪90年代起，中国农业科

熊蜂人工繁育车间（郭媛 摄）

学院蜜蜂研究所注意到国际上开始应用熊蜂授粉的动向，积极搜集了解有关信息，并争取到中国农科院院长基金和上海市科技兴农攻关项目及农业部"948"项目的支持，开展了熊蜂生物学及其周年繁育技术和温室蔬菜授粉应用的研究。目前已掌握了熊蜂室内周年饲养的关键技术，在国内首次取得了6种野生熊蜂人工驯养的初步成功，并已建立多个生产基地，为熊蜂工厂化繁育供种和授粉服务产

业化打下了良好的基础。加拿大昆虫学家人工饲养切叶蜂为苜蓿授粉，使结籽率提高 3~5 倍，中国农业大学植保系引进加拿大技术并结合我国切叶蜂状况，人工繁殖切叶蜂，在新疆、黑龙江为苜蓿授粉取得了很好的效果，每 1/15 公顷产量从 50 千克提高到 200 千克以上。中国农业科学院生物防治研究所，1987 年从日本引进角额壁蜂，先后在河北、山东等地释放，对提高杏、樱桃、桃、梨、苹果的坐果率和果品质量取得明显的效果。

5. 蜂授粉商业化发展具有良好的市场前景

不论是增加肥料、增加灌溉，还是改进耕作措施，都不能代替昆虫授粉的作用，因为昆虫授粉更及时、更完全和更充分，对提高坐果率、结实率效果突出。因此，利用昆虫授粉是绿色产品和有机食品生产中必不可少的技术，而且我国是一个温室种植大国，近几年，中国温室及配套设备产业取得重大发展，并形成了一定的产业规模，已成为推动中国设施种植业发展的重要力量和设施农业最重要基础产业之一。截至 2017 年，中国设施园艺栽培面积已达到 370 万公顷，成为世界上拥有设施园艺面积最大的国家。如此大面积的设施园艺一年对蜜蜂的需求量不可估量，市场前景十分广阔。

6. 蜜蜂授粉商业化建议

建立建成完善的蜜蜂授粉商业化机制有许多具体环节：组建跨种植、养殖部门的技术推广机构，积极宣传和推广蜜蜂授粉农艺措施；改革蜜蜂饲养方式，保证授粉蜂群数量、保证农田生物需求；建立专业化授粉蜂的销售网点；研究部门制定科学、详实的应用技术标准；种植者需提供维持蜜蜂生长发育最佳授粉环境。

（1）加强蜜蜂为农作物授粉增产技术的宣传与推广　蜜蜂授粉的作用和意义仅有养蜂人员及专业技术人员认知是远远不够的，必须广泛地向需要蜜蜂授粉的种植业主以及政府主管部门进行宣传，只有使蜜蜂授粉对农业增产、农民增收的重要作用深入人心，蜜蜂授粉才有可能实现商业化。充分发挥政府职能部门和蜂业协会的职能，紧紧依托网络、广播、电视、报纸、杂志、培训等途径，从发展生态农业，优质高效农业的角度，广泛宣传蜜蜂授粉的作用、重要性和必要性，将推广蜜蜂授粉作为转变养蜂生产方式，促进蜂业转型升级的一项重要工作内容，与建设高效生态农业、设施农业建设有机结合起来，进一步拓展蜜蜂授粉技术应用的广阔空间。

甜瓜蜜蜂授粉现场会（邵有全 摄）　　苹果蜜蜂授粉现场会（郭媛 摄）

（2）加大政策扶持力度，充分发挥政策引导和带动作用　蜜蜂授粉业发达的国家，政府采取一系列优惠政策鼓励农场和果园采用租蜂办法促进作物授粉，有力地激发了蜂农热情。美国蜂群为植物授粉，服务价格2009年升至每群蜂170美元。鉴于蜜蜂授粉对农业增产效果显著，各级政府应对蜜蜂授粉业进行政策性扶持，从业者应多渠道争取扶持政策，发挥政策引导和带动作用。国家出台保护授粉的法规，从财政中拨付专款用于为农作物授粉蜂群予以补贴。如对养蜂业实行税收优惠政策、对授粉蜂群进行定额补贴、鼓励蜜蜂为农作物授粉增产、禁止农户在授粉蜜源开花期施用农药、禁止使用激素蘸花等。

（3）突破环境制约、保护传粉昆虫生存环境　长期以来，农业生产大量依赖农药、化肥、生长素等，广泛使用除草剂、杀虫剂。很多农民在作物花期使用高毒性农药和杀虫剂，造成授粉蜂群大量农药中毒死亡，蜂农损失惨重，但往往得不到应有的经济赔偿，使得蜂农不敢放手授粉。需要逐步改变农民用药方式，使得更适合蜜蜂授粉。

全世界各地的证据都表明，由昆虫授粉的农作物产量连年下降，并且越来越变化无常，在耕作集约化程度最高的地区尤其如此。对于那些在大片农田里种植的作物来说，传粉昆虫的数量严重不足。如果再对农作物频繁地施用杀虫剂，对农业生产至关重要的传粉昆虫更无法生存。只有真正认识到它们的重要性，并投桃报李地为它们提供生存所需的条件，我们才能继续享受这样的服务。

（4）加强蜜蜂授粉技术研究的深度和广度，完善配套管理技术 我国蜜蜂授粉产业存在着巨大的发展空间和潜力。蜜蜂授粉研究工作不仅仅局限于蜂学领域，它还涉及昆虫学、植物学、园艺、果树学等多个领域，为了更好地开展蜜蜂授粉研究工作，更离不开各领域的互相配合和通力合作，同时这也是蜜蜂授粉研究快速发展一个重要保证。我国地大物博，蜂种资源极其丰富，除了我们常用的西方蜜蜂和中华蜜蜂以外，还有诸如壁蜂、切叶蜂、熊蜂等具有鲜明生物学特性的授粉蜂种。相关农业科研单位应加大科研开发的力度，筛选出适合不同环境条件和不同作物花朵的授粉蜂种、研究相应的授粉配套技术，实现授粉蜜蜂饲养简单化，以取得最佳的授粉效果。

（5）开展示范示教工作，积极开拓国内授粉市场 随着农业产业结构的调整和作物反季节栽培技术的普及，国内温室农业快速发展，这为蜜蜂授粉业的兴起提供了市场基础。建立一批专业化的蜜蜂授粉示范基地，逐步实现蜜蜂授粉产业化。选择油菜、棉花、苹果、向日葵、草莓、西瓜、柑橘、枣等蜜蜂授粉增产提质作用明显的农作物品种，推广蜜蜂授粉技术。在蜜蜂授粉主要区域，将蜜蜂授粉技术列入农技推广示范的主推技术，加快普及应用步伐。通过召开经验交流会、现场会等形式，总结推广经验，用典

西甜瓜蜜蜂授粉示范点（郭媛 摄）

梨树蜜蜂授粉示范点（郭媛 摄）

型引路，不断提升蜜蜂授粉水平。

（6）推进养蜂员年轻化　30年前的欧洲养蜂老龄化，弃蜂转业，正是我国目前所面临的严峻局面，不得不引起我们的重视，中国养蜂业不能步欧洲之后尘。中国蜜蜂授粉产业需尽快实现机械化、规模化，让年轻人看到蜜蜂授粉产业的优势和吸引力，让更多的年轻人将蜜蜂饲养与授粉作为事业。

第二节　国内蜂授粉模式

受传统耕作模式影响，很多农民无法认识到蜜蜂授粉增产、提高品质的重要性和必要性，少部分租蜂者缺乏正确、安全施用农药的意识、缺乏蜂群饲养经验，造成蜂群未完成授粉任务就大量死亡。推广蜜蜂授粉技术和推广农药、化肥等其他独立性较强的技术不同，除了引用技术者本身外，还需要外界条件的配合。近些年，人们逐渐意识到蜜蜂授粉的生态价值，以蜜蜂授粉这种方式提高了农作物的产量和质量，而且这项措施得到绿色食品生产的认可，促进了农业现代化的实现。与此同时，新的机遇和挑战也正在考验着蜂产业的发展。我国蜂业大多数还是采取传统的经营模式，在国际竞争中，很难在世界蜂业中领先。因此，改变养蜂业的发展理念，调整其产业结构，发展生态养蜂，走新型产业化、商业化发展之路，促进养蜂业发展。

一、支持农业无偿型

这是目前主要的形式，在蜜源比较好的地区，养蜂者自主前往采蜜而完成授粉。这种合作主要是对流蜜比较好，面积比较大的作物而言，养蜂者可以获得可观的蜂产品收入。养蜂者是自愿去的，农民并没有表示欢迎，所以养蜂人员首先应主动宣传蜜蜂授粉的增产作用和防止蜜蜂中毒的注意事项。同时要注意周围环境的变化，若遇到喷施农药等不利条件时应积极主动和对方协调，请求支持，否则应采取转移的办法。

油菜田放蜂（邵有全 摄）

油菜和向日葵是较好的蜜源作物，蜂农习惯主动在这类作物的花期放蜂采蜜。传统的油菜、向日葵花期病虫害防治因主要施用化学农药，对蜜蜂安全存在一定风险，是蜂农放蜂遇到的主要问题。通过采取绿色防控技术，在油菜初花期及早采用对蜜蜂安全的杀菌剂防治菌核病，向日葵田通过"一种一灯一诱一卡"（短日期杂交品种、太阳能杀虫灯、向日葵螟性诱剂诱芯、赤眼蜂卡）绿色防控技术集成，既有效控制了作物病虫为害，又保证了蜜蜂授粉安全。

二、互相依赖型

在蜜蜂授粉逐渐被人们认识的情况下，一些蜜源比较好但又需要蜜蜂授粉的作物，在开花之前，种植户或农业主管部门为了增加产量，提高经济效益，积极向养蜂场发出邀请书，希望进场采蜜授粉，种植户或农业主管部门在授粉期间不向蜂场收取任何费用。有时还会帮助选择场地，承诺不打农药等各种方式给养蜂者提供方便，花期结束后，积极为蜂场安排运输，帮助他们很快转移。养蜂场通过采蜜获得一定的经济收入，因此他们也不向农业主管单位和个人收取费用，这是目前推广蜜蜂授粉的主要合作关系。

苹果、柑橘等作为传统的大宗果树，蜂农因有其他蜜源植物而不主动到果园放蜂。但经过试验示范表明，通过蜜蜂授粉可使果树产量增加5%~30%，而且最关键的是促进了果实品质的提高。果园绿色防控技术近年来发展较快，果园生草与性诱、食诱剂的应用，有效控制了病虫害，提升了果品商品性，在多数果园已得到普遍应用，蜜蜂授粉过程中受农药伤害的风险大大降低。因此，通过宣传引导和示范推广，该类作物采用蜜蜂授粉的增产提质潜力也很大。

三、买蜂授粉型

据李海燕统计中国蜜蜂授粉产生的价值达 3 042.21 亿元，农户是授粉的主要服务对象，78.87% 的农户认识到蜜蜂授粉能够增加农作物产量，62.37% 的农户将蜜蜂授粉看作是像化肥农药一样的必要农业投入，68.04% 的农户认为政府应该开展蜜蜂资源保护工程并愿意为此支付一定的费用。但只有 16.49% 的农户打算在农业生产中租蜂授粉并为此支付一定的费用。蜜蜂授粉事业发展政府应该起主导作用，扶持养蜂合作组织、培育新型的蜜蜂授粉主体，形成一批专业化的授粉蜂场，建立专业化授粉公司和授粉服务中介机构，完善市场信息咨询、技术服务体系，指导做好授粉蜂的品种选择、饲养管理和授粉蜂数量等工作。提供优良社会化服务，统一租蜂授粉，实行分工合作，利益共享。

龙头企业在授粉业产业化经营中肩负重要任务。一是培训蜂农，蜂农的素质直接关系着蜂场经营水平和效益；二是建立示范基地，指导蜂农按国家标准和企业要求组织生产；三是按市场需要和优质优价的原则收购，蜂群质量的优劣直接影响到蜂农的切身利益、企业的效益和蜜蜂市场竞争能力。由此可见，龙头企业的带动能力强弱，事关授粉产业化经营的成败。

四、租蜂授粉型

有些地方对蜜蜂授粉已有了充分的认识，通过蜜蜂授粉已获得明显的经济效益。他们种植的植物，蜜粉欠佳，不能满足养蜂人的经济利益，养蜂人不愿无偿授粉，农作物种植者只能通过租用蜜蜂的办法，给养蜂者一些经济补偿，目前在蔬菜制种方面以及果园都采取了这种合作方式。

为了保证养蜂人和农民双方的利益，规避风险，使授粉工作顺利进行，双方应事先签订书面合同，将双方的责任在合同中载明，便于双方共同遵守。

孙翠清以山西省王川堡村为例分析了梨树商业性蜜蜂授粉的成功案例。在全国梨主产区开始普遍推广人工授粉的时候，同样是梨主产区的山西省文水县王川堡村梨农却采用了蜜蜂授粉，已持续二十多年。王川堡村之所以能够长期租用蜜蜂授粉，原因有以下几个方面。一是地块相对集中，将蜜蜂授粉外部性内部化，降低了交易成本。该村梨农之间私下达成的地块调整方案，保证了每户都有一块较大面积，能够保证一箱蜂授粉范围的梨园，其他零碎的地块就向周边租蜂的农户"搭便车"。由于梨农之间可以互相"搭便车"，互相受益，因此，梨农之间不存在争议，蜜蜂授粉的正外部性很好地实现了内部化。二是种植模式满足了蜜蜂授粉的技术要求。王川堡村梨农都为自家的主栽品种酥梨按一定比例配套种植了授粉树，能够满足蜜蜂授粉的需要。虽然在梨树推广早期，梨农都种植了授粉树，但由于人工授粉逐渐取代了自然授粉，授粉树存在的意义越来越小，大部分村的梨农逐渐以主栽品种取代了授粉树，在这样的地区推广蜜蜂授粉需要解决授粉树不足的问题。三是有可靠的蜜蜂授粉经纪人。王川堡村的前支书即本村蜜蜂授粉的经纪人，以前养蜂，和一些蜂农熟识，能辨别蜂群的群势强弱从而租到高质量的蜜蜂，保证梨树授粉需要。他做过村干部，在梨农心目中有一定的威望，能够顺利组织协调梨农租蜂授粉，解决授粉过程中可能出现的纠纷。

五、自养蜂授粉型

　　在蜜蜂授粉季节因交通不便或租蜂难以实现，再加上本地常年都有需要蜜蜂授粉的作物，租蜂授粉又不合算，为了保证自身的经济利益，提高农作物产量，也有些单位和个人采取自养蜂的办法来解决授粉的问题。

　　草莓、番茄是主要的保护地栽培经济作物，产值高，管理精细，多数以保护地栽培为主。由于受栽培条件的限制，人工辅助授粉已成为一种必需的生产管理措施。通过试验示范，蜜蜂授粉比人工授粉处理产量更高、品质更好。配套的绿色防控技术主要是温室或大棚小气候的调节，以降低湿度，减轻病害发生风险，使用防虫网、诱虫板控制害虫，保障蜜蜂安全。据示范区调查，最保守的估算，草莓每亩可增产 10% 以上，番茄平均增产 1 000 千克 / 亩以上，而且，果形周正，光泽鲜亮，大小较均匀，果肉肥厚，品相较好，畸形果率低，口味佳，售出率和售价都将提高，会给农户带来更多收益。这些作物可采取买蜂授粉和租蜂授粉，若农户有养蜂经验，也可进行自养蜂授粉。

蜜蜂产业是农业的一个重要组成部分，随着我国农业发展进入新阶段，发展重点转向提高农产品质量、助农增收、对农村进行产业结构调整、在环保和可持续发展的前提下建设新农村的工作。蜜蜂授粉产业在农村产业结构调整、增加农民收入、提高作物品质等方面具有重要意义，蜜蜂在保护生态上也具有重要作用，保护蜜蜂就是保护人类自己。

参考文献

［1］吴翠翠，夏芝，侯保国，曹彩荣. 网室内蜜蜂授粉和壁蜂授粉对棉花不育系的影响［J］. 山西农业科学，2018，46（12）:2014-2017+2081.

［2］祁海萍，郭媛，邵有全，祁蕾. 蜜蜂授粉在现代农业中的应用［J］. 山西农业科学，2018，46（12）:2115-2117+2126.

［3］杜开书，杨萌，张中印. 宁陵酥梨蜜蜂授粉的初步研究［J］. 蜜蜂杂志，2018，38（12）:1-3.

［4］张东霞，张智强，刘一景. 梨树蜜蜂授粉区病虫绿色防控技术集成与应用［J］. 中国蜂业，2018，69（12）:24-27.

［5］王凤鹤. 蜜蜂授粉与绿色防控助推设施作物增产提质增效［J］. 中国蜂业，2018，69（12）:20-23.

［6］秦加敏，刘锋，江武军，席芳贵，杨柳，叶武光，娄文，涂群，骆群，胡景华. 江西省蜜蜂授粉现状与发展前景［J］. 中国蜂业，2018，69（11）:45-47.

［7］高景林，赵冬香. 蜜蜂授粉技术产业化的思考［J］. 中国蜂业，2018，69（10）:45-47.

［8］张东霞. 冬枣蜜蜂授粉与绿色防控技术集成应用及效果分析［J］. 中国农学通报，2018，34（28）:124-129.

［9］李立新，武文卿，毛益婷，申晋山，张旭凤，宋怀磊，李磊，马卫华. 极端授粉树花量下红富士蜜蜂授粉需蜂量研究［J］. 山西农业科学，2018，46（09）:1484-1487.

［10］祁海萍，祁蕾，邵有全，郭媛. 关于加强蜜蜂授粉产业政府支持力度的建议［J］. 中国蜂业，2018，69（08）:22-23.

［11］赵东绪，苏晓玲，华启云，钭凌娟，陈东晓. 意大利蜜蜂和中华蜜蜂为蓝莓授粉的行为比较研究［J］. 环境昆虫学报，2019，41（01）:187-192.

［12］李上星，顾燕梅，谭光仙，姚元海. 意大利蜜蜂授粉对蓝莓产量与品质的影响［J］. 贵州农业科学，2018，46（02）:99-101.

［13］郭媛，宋卓琴，张旭凤，宋怀磊，武文卿，邵有全. 西方蜜蜂和地熊蜂为紫花苜蓿授粉效果比较［J］. 应用昆虫学报，2017，54（06）:1008-1014.

［14］雷亚珍，顾琴，李晓龙，窦云萍，贾永华，王春良. 蜜蜂授粉对宁夏引黄灌区"富士"苹果坐果率及果实性状的影响［J］. 北方园艺，2017（16）:37-42.

［15］ 兰凤明，刘福广. 浅谈我国蜜蜂授粉现状、存在问题及应对措施［J］. 蜜蜂杂志，2017，37（06）:23-24.

［16］ 马晓斌，乔广辉.黑龙江省水稻蜜蜂授粉区害虫绿色防控措施［J］.中国农技推广，2017，33（04）:61-62.

［17］ 蔡琳雅，张社梅.四川省猕猴桃种植户对蜜蜂授粉技术的采用现状、问题及对策［J］.中国蜂业，2017，68（04）:55-58.

［18］ 闫德斌，常志光，刘玉玲，陈莹，常忠海，庄明亮，兰凤明.蜜蜂授粉密度对大地西瓜坐果率及产量影响的研究［J］.蜜蜂杂志，2017，37（03）:14-18.

［19］ 孙翠清，赵芝俊，刘剑.梨树商业性蜜蜂授粉的成功案例分析——以山西省王川堡村为例［J］.中国蜂业，2017，68（01）:44-45+64.

［20］ 马建军，朱红霞.莎车县巴旦木蜜蜂授粉技术推广现状及思考［J］.蜜蜂杂志，2016，36（10）:42-43.

［21］ 王亚红，范东晟，惠隽雄，王渊.甜樱桃蜜蜂授粉与病虫害绿色防控技术集成与示范［J］.中国果树，2016（05）:68-72.

［22］ 林黎，韦小平，徐祖荫，何成文，周文才.中华蜜蜂对火龙果授粉的群势搭配［J］.蜜蜂杂志，2016，36（07）:1-4.

［23］ 施金虎，苏晓玲，华启云，赵东绪，别之龙.设施西瓜中华蜜蜂授粉效益分析与技术要点［J］.中国蜂业，2016，67（07）:46-47.

［24］ 马建军.蜜蜂为巴旦姆授粉效果研究及推广［D］.江西农业大学，2016.

［25］ 刘晨光，刘宝玉，杨立国，赵中华，刘家骧，柴玉鑫，王玉杰.巴彦淖尔市向日葵蜜蜂授粉与绿色防控增产技术模式及应用［J］.中国植保导刊，2016，36（05）:29-31.

［26］ 孙翠清，赵芝俊.中国农业对蜜蜂授粉的依赖形势分析——基于依赖蜜蜂授粉作物的种植情况［J］.中国农学通报，2016，32（08）:13-21.

［27］ 李改珍，亢立，巫东堂.蜜蜂授粉繁育大白菜原种关键技术［J］.蔬菜，2016（02）:67-68.

［28］ 唐明珠，王珏，方献平，余红，李红亮.中华蜜蜂对冬季设施草莓授粉活动规律和增效的初步研究［J］.浙江农业科学，2016，57（02）:174-177.

［29］ 林黎，韦小平，徐祖荫，何成文，简学群，孙秋.中华蜜蜂对红皮红肉火龙果授粉初探［J］.蜜蜂杂志，2016，36（02）:3-6.

［30］ 吴翠翠，李朋波，曹彩荣，曹美莲，杨六六，刘惠民.棉花雄性不育系网室蜜蜂授粉技术研究［J］.农学学报，2016，6（01）:21-24.

［31］ 张红，赵中华，王俊侠，黄家兴.蜂箱的摆放方位对设施草莓蜜蜂授粉的

影响［J］.中国蜂业，2015，66（12）:14-16.

［32］ 史小强，宋小南，刘艳波，杨金兰.网棚甘蓝制种中蜜蜂和壁蜂授粉效应研究［J］.黑龙江农业科学，2015（08）:171-172.

［33］ 吴翠翠.网室中蜜蜂对棉花的授粉特性［A］.中国棉花学会.中国棉花学会2015年年会论文汇编［C］.2015:1.

［34］ 朱长志，何道根，张志仙，檀国印.大棚青花菜蜜蜂授粉制种技术要点［J］.浙江农业科学，2015，56（08）:1219-1220+1223.

［35］ 张云毅，马卫华，武文卿，张旭凤，邵有全.蜜蜂授粉对苹果花粉管生长及果实性状的影响［J］.山西农业科学，2015，43（07）:814-817.

［36］ 刘旭东，陈宝新.北疆地区蜜蜂向日葵授粉的管理技术［J］.蜜蜂杂志，2015，35（07）:18-19.

［37］ 麻继仙，杨长楷，杨龙，张志星，但忠，木万福.种植方式对花椰菜蜜蜂授粉杂交制种产量的影响［J］.黑龙江农业科学，2015（03）:41-42.

［38］ 樊莹，王承均，侯萍，董霞.中华蜜蜂为蓝莓授粉效果初探［J］.蜜蜂杂志，2015，35（03）:14-15.

［39］ 逯彦果，黄斌，田自珍，张世文，王鹏涛，祁文忠.中华蜜蜂和意大利蜜蜂为设施香瓜授粉试验研究［J］.中国蜂业，2014，65（Z4）:64-67.

［40］ 吴杰，郭军，黄家兴.蜜蜂授粉产业的发展现状［J］.中国蜂业，2014，65（12）:51-55.

［41］ 江姣，芦金生，张保东.设施立架小果型西瓜蜜蜂授粉效果分析［J］.中国瓜菜，2014，27（06）:33-36.

［42］ 张旭凤，武文卿.蜜蜂高效授粉技术［M］.北京：中原农民出版社，2018.

［43］ 王凤贺，徐希莲.蜂类授粉研究与应用［M］.北京：中国农业科学技术出版社，2016.

［44］ 李位三，李淑琼，张启明，王启发，吴树生.授粉昆虫与蜜蜂授粉增产技术［M］.北京：化学工业出版社，2015.

［45］ 罗树东，李海燕.蜜蜂授粉与蜜粉源植物［M］.北京：中国农业科学技术出版社，2014.

［46］ 徐希莲，王凤贺.图说蜂授粉技术［M］.北京：中国农业科学技术出版社，2014.

［47］ 吴杰，邵有全.奇妙高效的农作物增产技术——蜜蜂授粉［M］.北京：中国农业出版社，2011.